KB043329

경관, 그리고 지리학의 시선

고려대학교 미래국토연구소 Institute of Future Land of Korea, Korea University
고려대학교 부설 미래국토연구소는 급변하는 국토환경의 변화와 자연적 변화의 원인을 규명하고
지속가능한 국토발전을 위한 모형을 제시하기 위해 2012년에 설립되었다.

편집위원
남영우, 김부성, 서태열, 홍금수, 성영배, 김영호

사진 출품
강수정, 곽수정, 곽온유, 구자원, 김걸, 김동은, 김민지, 김부성, 김석용, 김세형, 김수정, 김영호, 김재행, 김지은, 김희순, 나유진, 남영우, 박가희, 박성근, 성영배, 손승호, 신유진, 안수영, 양재룡, 양희두, 오지선, 왕훈, 윤정욱, 이경택, 이근아, 이수영, 이수용, 이수환, 이승훈, 이얼, 이영웅, 이정웅, 이진웅, 임효묵, 장성민, 장영원, 장진형, 정건진, 정소담, 정인진, 조문현, 지명인, 최경진, 최낙훈, 최지윤, 최혁준, 기타다 코지(北田晃司), 한무일, 한문희, 현재석, 홍금수 (가나다 순)

발전 기금 기부
박선미(인하대), 이의한(강원대), 정치영(한국학중앙연구원), 김양자(명지대), 최원석(경상대 경남문화연구원), 김종혁(고려대 민족문제연구소), 홍금수(고려대), 조혜진(한국산업건설연구원), 김세홍(학부 '96학번), 김혜숙(한국교육과정평가원), 김희순(서울대 라틴아메리카연구소)

경관, 그리고
지리학의 시선

초판 1쇄 발행 2013년 3월 6일
엮은이 고려대학교 미래국토연구소
펴낸이 김선기
펴낸곳 (주)푸른길
출판등록 1996년 4월 12일 제16-1292호
주소 (137-060) 서울시 서초구 방배동 1001-9 우진빌딩 3층
전화 02-523-2907
팩스 02-523-2951
이메일 pur456@kornet.net
홈페이지 www.purungil.co.kr

ISBN 978-89-6291-223-4 03980

*이 도서의 국립중앙도서관 출판시도서목록(CIP)은 e-CIP홈페이지(http://www.nl.go.kr/ecip)와 국가자료공동목록시스템(http://www.nl.go.kr/kolisnet)에서 이용하실 수 있습니다.(CIP제어번호: CIP: 2013000799)

지리학의 시선으로
바라본 세계의 경관

World Landscape

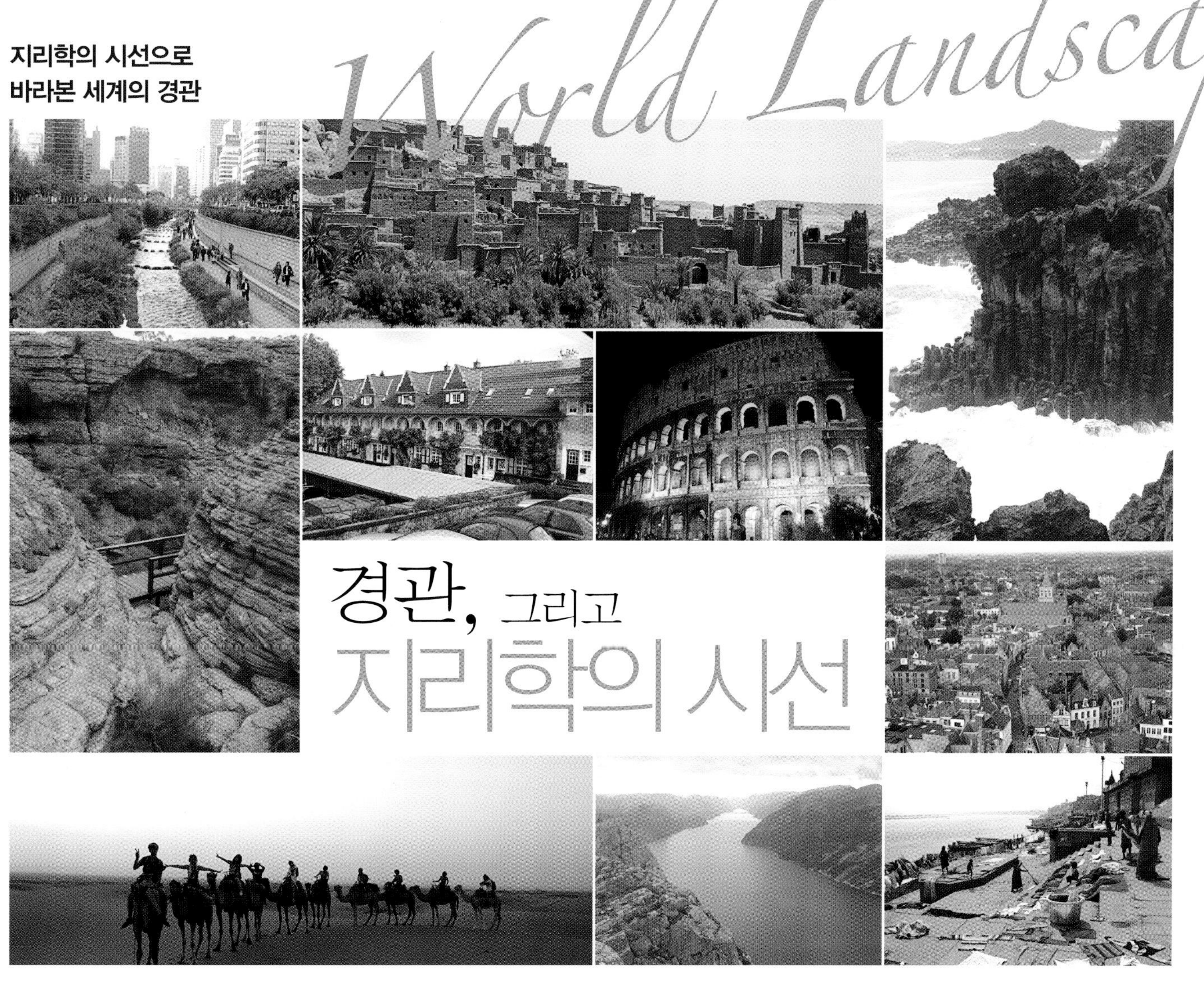

경관, 그리고 지리학의 시선

고려대학교 미래국토연구소 엮음

푸른길

머리말

인간은 오감(五感)이 즐거워야 삶이 즐겁다고 했다. 오감 중 보는 것은 지리학도들에게 무엇보다 중요하다. 다시 말해서 눈이 즐거워야 한다는 것이다. 예로부터 눈이 즐거우려면 좋은 경치와 아름다운 꽃을 봐야 한다고 하였다. 그러기 위해서는 가능하다면 해외나 국내 여행을 자주 해야 할 것이다.

이탈리아 희극작가 카를로 골드니는 "결코 모국을 떠날 수 없는 사람은 편견에 가득 차 있다."라고 일갈하였고, 덴마크 작가 세오르그 B. 안네르센은 자신의 자서전『내 생애의 이야기』에서 "내게 여행은 정신의 젊음을 되돌려주는 샘물이다."라고 술회하였다. 또한 "쾌락은 우리를 자기 자신으로부터 떼어 놓지만, 여행은 스스로에게 자신을 다시 끌고 가는 하나의 고행이다."라고 강조한 카뮈의 말이 아니더라도 우리는 보람 있는 고행을 통하여 내면의 세계를 살찌울 수 있다.

지리학을 전공하는 사람이라면 전공서적을 통한 간접경험과 답사를 통한 직접경험을 모두 해 보아야 한다. 연구실과 실험실에서 도출된 사실을 현지답사를 통한 확인 작업으로 사실화해야 지리학적 이론으로 성립시킬 수 있다. "여행은 참지식의 원천이다."라 주장한 영국 정치가 벤자민 디즈레일리의 말을 빌리지 않더라도 지리학도에게 답사는 매우 중요하다. 그래서 지리학은 머리로 생각하고 발로 뛰는 학문이라고 하지 않았던가. 그러므로 지리학도가 떠나는 여행은 관광이 아니라 답사라 일컫는다. 또한 아우구스티누스는 "세계는 한 권의 책이다. 여행을 하지 않는 사람은 책을 한 페이지 밖에 읽지 않은 것이 된다."라 역설하였다.

눈으로 보고 마음에 담아 두는 것이 여행이 아니다. 하물며 답사는 더욱 그러하다. 지리학도는 답사한 근거를 사진으로 반드시 보관해 두어야 한다. 지리적 경관을 사진에 담을 때에는 낮은 지점보다 높은 지점, 가까운 곳보다 먼 곳에서 촬영하는 것이 요령이다. 그 다음에 낮은 곳과 가까운 곳에서 촬영해도 늦지 않다. 한 그루의 나무보다 숲 전체를 보는 것이 중요하다는 뜻이다.

이 책에는 국내와 해외에서 찍은 사진을 인문경관과 자연경관으로 나누어 배열해 놓았다. 해외로 나가는 지리학도들은 "사람은 해외로 떠나기 전에 모국에 대해서 좀 더 알아야 할 필요가 있다."라는 말을 귀담아 들어야 한다. 인간이 살아가는 세상은 크게 다르지 않다. 대동소이한 지리적 경관 속에서 차이점과 유사점을 찾아내는 것이 지리학도의 즐거움이다. 중국계 미국인 지리학자 이-푸 투안은 지리학 강의에서 시청각 교육을 강조한 바 있다. 지리교육에서 사진의 활용은 지도만큼 중요하다고 해도 과언이 아니다.

외국 사람들은 돈을 벌어 어디에 쓰느냐고 물으면 여행하기 위해 번다는 사람이 많다. 그들은 그것이 방랑이어도 좋다고 생각한다. 독일의 작곡가 바그너의 말대로 방랑과 변화를 사랑하는 것은 살아 있는 사람이라는 증거가 될 수 있기 때문이다. 여행은 휴식도 되고 새로운 에너지를 재충전하는 기회도 되는 것이다. 꼭 여행만이 눈이 즐거운 것은 아니다. 개인에 따라 여행이 여의치 않는다면, 하루 시간 중 짬나는 대로 풍경을 찍고 그 사진을 보면서 맘껏 감상하는 것 역시 즐겁게 사는 것이 아니겠는가.

이 책을 간행하게 된 계기는 고려대학교 사범대학 지리교육과가 창설 30주년을 맞이한 것을 자축하고, 그동안 고려대학교 대학원 지리학과가 배출한 박사학위 취득자들이 지리학과의 발전을 위해 기부금을 쾌척해 준 취지에 부응하는 데 있다. 편집위원들은 사진 설명에 커다란 오류가 없는 한 제출자의 느낌을 존중하여 원문대로 실었다. 각자가 소장하고 있던 귀중한 추억의 사진을 제출해 주신 재학생과 졸업생 여러분들께 심심한 감사의 말을 전하고 싶다.

2012년 11월

고려대학교 미래국토연구소 소장 남영우

간행에 즈음하여

"우리들에게 사진이란 무엇일까? 지리적 학술사진은 어떤 것인가? 무슨 생각을 하면서 사진을 촬영할까?" 지리적 학술사진에 대하여 스스로 끝없는 질문을 해 봅니다.

지리를 공부한 사람들에게 있어, 지리적 학술사진은 살아 있는 지리 교과서입니다. 지형, 기후, 식생 등의 자연지리 영역과 도시, 문화, 산업 등 인문지리 영역을 아우르는 계통 지리서이자, 자연이 살아 숨 쉬는 상원노 백두대산의 오지에서 문명의 이기와 인간의 창조물이 넘쳐나는 모든 대륙에 이르기까지 전 세계를 아우르는 지역지리서입니다. 지리전공 여부에 관계없이 지리에 관심이 있는 누구에게든, 말로 표현하기 어려운 지리적 지식을 사실 그대로 보여 주고 설명하는 살아 있는 교과서입니다.

또한, 지리를 공부한 사람들에게 있어, 지리적 학술사진은 사물에 생명을 불어넣는 수단입니다. 우리가 살고 있는 땅, 산, 물, 바다 그리고 그 위에 숨 쉬는 이름 없는 풀과 하늘을 찌를 듯한 고층빌딩, 차들로 혼잡한 도로, 자동화 시설에 의하여 운영되는 공장들은 사진에 찍히는 순간에는 단순히 무미건조한 사물에 불과합니다. 그러나 그 사진에 단순한 지리적 정보에서부터 학술적 가치가 높은 심오한 지리적 지식에 이르기까지 다양한 이야기를 담는 순간, 사진 속의 사물은 마치 팔딱거리는 물고기처럼 생동감 넘치는 모습으로 살아날 수 있습니다.

지리를 공부한 사람들에게 있어, 지리적 학술사진은 지리에 대한 열정이자 지리인들을 하나로 녹아들게 하는 용광로이기도 합니다. 지리에 첫 입문을 할 때뿐만 아니라 30여 년이 지난 지금에도 지리에 대한 열정과 지리적 안목을 키우는 데 크게 기여하지 않았나 생각합니다. 더욱이 지리적 학술사진을 함께 촬영하고 이야기를 공유하며 스승과 제자, 동료와 선·후배들 간의 따뜻한 웃음, 지리에 대한 열정, 스스로 작품을 만들었다는 성취감, 보이지 않는 한 방울의 눈물, 아쉬움이 배어나는 잠깐의 서운함도 함께 담으면서 우리를 하나가 되게 해 주었다고 생각합니다.

이 책에 실려 있는 지리적 학술사진은 지리에 대한 열정으로 얻은 생생한 체험과 실천의 소중한 알곡들이며, 한 사람의 지리인으로 일상적인 삶과 학술답사를 통해 보고 듣고 느낀 것들을 가식 없이 진솔하게 채워, 보는 이들에게 따뜻함과 친근감으로 더욱 가깝게 다가서게 될 것입니다. 이러한 의미에서 이번에 출간하게 된 『경관, 그리고 지리학의 시선』은 지난 30여 년간 고대 지리인 특유의 끈끈한 팀워크와 아름다운 전통을 보여 주는 결정체라 하지 않을 수 없습니다.

마지막으로 구슬들을 하나하나 꿰어 멋있는 장신구를 만들듯 훌륭한 학술사진첩이 만들어지기까지 헌신해 주신 여러분, 특히 귀중한 사진을 기꺼이 보내 주신 남영우 교수님을 비롯한 모교 은사님과 고려대학교 지리교육과 교우 여러분, 그리고 학부에서 열심히 배우고 있는 후배들에게 고마움을 전합니다. 감사합니다.

2013년 1월

지리교육과 교우회장 조일현(학부 '83학번)

차 례

• 자연경관 •

국내편

해외편

학술
답사

고려대학교 학부 국내 정기 학술답사 • 강원도 영월 한반도 지형 • 2008년 9월 27일

고려대학교 학부 및 대학원 해외 정기 학술답사 • 중국 시안 장안성의 성벽 • 2010년 10월 2일

01/ 태백시 장성동의 화광아파트

홍금수 교수 • Canon PowerShot SX230HS • 2012년 3월 30일 촬영

화광(和光)아파트는 해발 650m의 태백시 장성동 소재 광원사택(鑛員社宅)으로서 초석에는 1978년 6월 30일 준공된 것으로 기록되어 있다. 장성은 원래 삼척군 소속의 한적한 산촌으로 1961년에 읍으로 승격하였고 1981년을 기점으로 황지읍(1973)과 통합되어 태백시로 새롭게 출범하였다. 도시의 형성과 성장을 이끈 것은 산업화의 원동력이자 지역경제와 국가경제를 함께 견인한 석탄이었다. 일제강점기인 1926년 당시 상장면사무소 직원 장해룡이 지금의 장성3동 거무내(黔川) 먹돌배기에서 발견한 괴탄의 노두가 '석탄도시' 태백의 토대가 되었던 것이다. 산업철도가 놓이기 전 장성지구에서 채굴된 석탄은 철암저탄장을 거쳐 인클라인과 스위치백 철로를 어렵게 통과하였고, 묵호항에 이른 다음 선박에 실려 경인지방으로 수송되었다. 삼척개발주식회사에서 대한석탄공사 장성광업소로 이어지는 85년간의 탄전 개발은 곧 우리나라 경제 성장의 역사였다.

탄광 경기가 상승세를 타면서 장성은 전국 각지에서 몰려든 광부들로 넘쳐났고, 이들 탄광 노동자를 수용하기 위해 일찍부터 사택이 축조되었다. 화광아파트는 광산촌 현대화의 일환으로서 기존의 허름하고 비위생적인 광원사택을 대신해 건설되었다. 그러나 사택이 지어진 지 얼마 지나지 않아 단행된 석탄산업합리화사업은 석탄 경기의 침체를 불러와 태백시의 지역경제를 위축시켰다. 1987년 한때 12만 명에 달했던 태백시의 인구는 2012년 현재 5만을 겨우 넘길 정도로 크게 감소하였다. 가속화되는 광원의 이출로 공가(空家)가 늘고 있는 가운데 화광아파트도 조만간 역사 속으로 사라질 운명이다. 재건축 승인이 내려져 단지 전체가 철거될 예정이며, 계획대로 진행된다면 2014년 무렵 현대식 고층아파트로 대체되어 석탄 개발 역사의 한 장면으로서 아련하게 남을 것이다. 사진 오른쪽에 남북으로 장성동을 관통하는 황지천이 보인다. 중앙에는 황지천의 아늑한 소분지에 대단위로 조성된 화광아파트가 서 있다. 사택은 3층 건물 23개 동으로 구성되며 안뜰(中庭)을 축으로 규칙적으로 열을 이루어 주변의 무질서하게 들어선 주택들과 대비를 이룬다. 사진 아래 외곽도로 인근에는 노후한 옛 광원주택, 저층의 주거, 시장 내 상점건물 등이 무리지어 나타난다. 사진 상단 오른쪽 골짜기에 솟은 철탑은 대한석탄공사 장성광업소 내 수갱(竪坑)에 배치된 권양기이다.

02/ 서울의 도시 및 역사경관

이경택 박사 • 학부 '82학번 • 대학원 '02학번 • Canon EOS 500D • 2011년 12월 1일 촬영
김석용 • 학부 '83학번 • Nikon D200 • 2012년 5월 3일 촬영

서울은 현재 대한민국의 수도이지만 이전 500여 년간은 조선왕조의 수도였다. 어디 그뿐인가. 그 옛날에 백제의 수도였던 것을 생각하면 서울은 오랜 세월 우리 민족과 운명을 함께 한 도시였다고 볼 수 있다. 그런 까닭에 서울은 한민족의 정신적 구심점으로 인식되고 있다. 사진은 각각 남산과 인왕산에 올라 북악과 남산 사이에 자리 잡은 서울의 도심을 촬영한 것이다. 사진 속에는 경복궁 옆의 서촌, CBD(중심업무지구), 남산, 강남 3구가 보인다. CBD의 고층경관은 인구 천만의 규모에 비해 초라해 보인다.

LOTTE
Hanwha
IBK 기업은행

신한생명
은퇴설계의

03/ 부산의 랜드마크 광안대교

남영우 교수 • Canon EOS Kiss • 2006년 9월 30일 촬영

광안대교의 개통은 수영로와 해운대 일대의 만성적인 교통체증을 획기적으로 개선하였고, 항만 물동량을 신속하게 경부고속도로와 연결하여 물류비용의 감소와 수출경쟁력 제고에 기여하게 되었다. 또한 최첨단 부산정보업무 복합단지인 센텀시티의 기능을 극대화할 수 있으며, 광안리 및 해운대 관광특구와 연계되어 관광명소로 활용되고 있다. 광안대교에는 예술적 조형미를 갖춘 첨단 조명 시스템이 국내에서 처음으로 구축되어 10만 가지 이상의 색상을 연출할 수 있는 경관조명이 조성되었다. 사진의 광안대교 뒤편으로 센텀시티가 보인다.

04/ 서울시 개포동의 슬럼 구룡마을

지명인 • 학부 '06학번 • 대학원 '10학번 • Canon PowerShot S80 • 2011년 7월 21일 촬영

구룡마을은 1988년을 전후로 하여 서울시 강남구 개포동 567-1번지 일대에 형성된 무허가 정착지이다. 우리나라 최고의 부촌인 강남의 모퉁이에 자리한 이곳은 그 자체로 매우 보기 불편한 경관이다. 불과 1km 남짓 떨어진 곳에 자본주의의 바벨탑으로도 상징되는 타워팰리스가 남루하고 열악한 비닐하우스촌인 구룡마을을 압도하듯 내려다보고 있기 때문이다. 이러한 불편한 경관은 부의 양극화라는 자본주의의 적대적 성격을 생생하게 재현하고 있다. 구룡마을은 단순히 시각적 부조화의 장일 뿐만 아니라 실질적인 대립의 장이다. 강남의 미개발된 마지막 노른자위 땅이라는 평가와 함께 그 개발을 둘러싼 내외부적 압박이 구룡마을을 궁지에 몰아넣고 있다. 개발을 목전에 둔 구룡마을은 경험과 문화와 역사가 퇴적된 장소에서 사람들을 분리하여 공간화하고, 종래에는 상품화하는 자본주의 도시화에 대한 흥미로운 실례를 제공하고 있다.

05/ 성남시의 신시가지와 구시가지

손승호 박사 • 학부 '91학번 • 대학원 '99학번 • Canon EOS 300D • 2006년 7월 5일 촬영

경기도 성남시는 잘 알려진 것처럼 1960년대 말에 서울에서 이주해 온 주민들이 남한산성 자락에 거주하면서 형성된 도시이다. 1980년대 말에 서울의 인구·주택문제를 해결하기 위하여 수도권 5개 신도시가 건설되었는데, 그중 하나가 행정구역상 성남시에 속하는 분당 신도시이다. 이에 따라 성남시는 오래되지는 않았지만 구시가지라 불리는 시가지와 1990년대 초반부터 입주가 시작된 신시가지가 병존하는 공간이다. 신시가지와 구시가지는 건물의 외형을 비롯한 많은 부분에서 차이점을 드러내는데, 사진에서 보는 바와 같이 경관상 차이점이 가장 뚜렷하다. 사진의 아래쪽은 구시가지의 모습이고, 윗부분은 분당 신시가지의 모습을 보여 준다.

06/ 통영의 아름다운 도시경관

김세형 • 학부 '11학번 • Canon EOS 550D • 2012년 2월 20일 촬영

경상남도 통영시의 도시경관을 조망할 수 있는 곳은 해발 461m에 달하는 미륵산 정상이다. 해안선의 만입이 복잡하여 주변에 많은 섬이 보이고, 만입부에는 항구가 위치하여 많은 선박들이 드나들고 있다. 통영은 우리나라의 대표적인 항구도시 중 하나로 이 사진을 통해 통영시의 발전을 엿볼 수 있다. 통영은 이러한 아름다운 도시경관을 가지고 있어 '한국의 나폴리'라 불린다.

07/ 경상남도 통영시의 굴 양식

안수영 • 학부 '96학번 • Canon EOS 300D • 2011년 1월 7일 촬영

통영시는 우리나라 제일의 굴 생산지이다. 통영에서 생산되는 굴은 우리나라 굴 생산량의 약 80%를 차지하는 것으로 알려져 있다. 청정 해역 남해안에서 자란 굴은 까다롭기로 유명한 미국에 특별한 검역 절차 없이 수출될 정도로 상품가치가 높다. 사진에서 바다의 하얀 부분이 수하식 굴 양식장이다. '말목식'이라고도 불리는 수하식은 물이 얕은 연안에 말목을 박고, 그 위에 나무를 걸쳐서 부표(수하연)를 매달아 양식하는 방법인데 시설이 간단하여 굴의 종묘생산에 많이 이용된다.

또 다른 방식으로는 뗏목식이 있는데 대나무·쇠파이프 등으로 뗏목을 만들고 그 아래에 합성수지로 만든 뜸통을 달아서 부력을 크게 한 다음 부표를 매단 것이다. 이 방법은 굴 양식이 시작된 초기에는 많이 쓰였으나 시설비가 많이 들기 때문에 현재는 거의 쓰이지 않는다. 로프식은 연승식(連繩式)이라고도 하며, 수면에 로프를 뻗쳐 뜸통을 달아 뜨게 하고, 양끝을 닻으로 고정시킨 다음 이 로프에 수하연을 매단 것이다. 비교적 파도에 견디는 힘이 크기 때문에 내만(內灣)뿐 아니라 외해(外海)에도 설치할 수가 있다.

08/ 남해군 지족해협의 죽방렴

손승호 박사 • 학부 '91학번 • 대학원 '99학번 • Canon EOS 300D • 2011년 1월 30일 촬영

경상남도 남해군 지족해협에 위치한 죽방렴은 빠른 물살을 이용하여 고기를 잡는 원시적인 어업의 방법이다. 협소한 물목에 참나무로 기둥을 세운 후 대나무로 만든 발을 V자 모양으로 설치하여 조류에 실려 온 물고기를 가둔다. 특히 이곳 지족해협은 물살이 빠르기로 유명한 곳으로, 여기서 잡은 멸치는 '죽방렴 멸치'로 잘 알려져 있다. 서해안에서 고기를 잡는 방법 중에 하나인 '독살' 또는 서남해안에서 행해지는 '개매기' 등과 유사한 방법이지만, 죽방렴은 계속 물속에 잠겨 있다는 차이점이 있다.

09/ 여수의 굴 양식장

이정웅 • 학부 '11학번 • SKY IM-A830K • 2012년 8월 5일 촬영

굴은 한국의 모든 연안에 분포하는 주요 양식 대상이고, 주요 수출품목으로도 각광을 받고 있다. 한국의 굴 양식은 파도가 잔잔한 내면에서 옛날부터 내려오는 투석식(投石式)과 뗏목식 · 간이수하식(말목식) · 연승(로프)식 등에 의한 수하연(垂下延) 부착 양식을 행한다.

10/ 땅끝마을 해남의 어촌경관

김수정 • 학부 '10학번 • iPAD • 2012년 1월 25일 촬영

한반도의 서남쪽 모서리에 위치한 해남은 전라남도 최대의 군이다. 땅끝마을은 3면이 바다로 둘러싸인 반도 끝에 위치하며 리아스식 해안이 크게 발달하였다. 반도적 특성으로 인해 대체로 고온 습윤한 기후를 가지고 있다. 특히 해남의 두륜산은 따뜻하고 습한 바람에 실려 온 난대성 상록활엽수림이 발달해 있어 생태학적으로 큰 가치를 지닌다. 한반도 최남단에 위치해 있어서 영산강 유역의 문화요소들이 반도의 중심세력으로 전파되는 막다른 길목으로서의 역할과, 더욱 크게는 중국-한반도-일본을 이어 주는 문화 이동로의 역할을 했다. 오늘날에는 국토대장정의 기점으로 많은 관광객들이 모이고 있다. 다른 특별한 요소 없이 한반도의 최남단이라는 수리적 관계적 위치만으로 사람들의 관심을 받고 있는 특별한 지역성을 가지고 있다.

11/ 신안군 증도면의 태평염전

정건진 • 학부 '04학번 • Minolta x-700 • 2008년 9월 26일 촬영

전라남도 신안군 증도면에 자리 잡은 태평염전은 한국전쟁 이후 피난민 구제와 국내 소금생산 증대를 목적으로 조성되었으며, 2007년 등록문화재 제360호로 지정되었다. 증도와 그 옆 대초도 사이의 갯벌을 막아 형성된 간척지 462만m²에서 매년 15,000톤의 천일염이 생산되는 국내 최대의 단일염전이다. 이곳은 동서 방향으로 긴 장방형의 1공구가 북쪽에, 2공구가 남쪽에 배치되어 남북 방향으로 3공구가 조성되어 있다. 소금밭은 67개로 나뉘어 있고 이에 딸린 67동의 목조 소금창고, 석조 소금창고가 3km에 걸쳐 길게 늘어서 있다. 또한 염부들의 사택, 목욕탕 등의 건축물이 있으며 2007년에는 이곳에 소금박물관이 세워졌다.

이곳에서 생산되는 천일염은 국내 생산량의 5%에 해당하며, 자연 생태의 갯벌, 저수지와 함께 천혜의 아름다운 경치를 이루고 있다. 태평염전이 위치한 증도는 슬로시티로 지정되어 지역의 농·수산물(슬로푸드)을 먹고, 지역 고유의 문화를 보존·공유하며, 느림의 삶을 기반으로 인류의 지속적인 발전과 진화를 추구하고 있다.

12/ 보성의 녹차밭

정인진 • 학부 '11학번 • Samsung SHW-M110S • 2011년 7월 11일 촬영

보성은 6.25전쟁이 끝난 후 폐허가 된 차밭과 임야를 1957년부터 일구어 대단위 녹차밭으로 조성하기 시작하였고, 오늘날에는 170만 평에 달하는 계단식 차밭 경관을 형성하였다. 보성은 바다와 가깝고 온화하여 온도와 습도가 차 재배에 적당하다. 서기 369년(근초고왕)에 복홀군(보성)이 마한에서 백제로 통합되면서 차를 이용했다는 기록들이 보성군사(寶城郡史) 등에 전해진 것으로 보아 보성군의 차 재배는 1600여 년 전에도 이루어졌으며, 그때에도 유명했었다는 사실을 알 수 있다. 보성이 차 재배 적지로 알려짐에 따라 1930년 후반기부터 농산물 특화사업 일환으로 차가 확대 재배되었고, 현재는 전국 생산량의 약 40%를 자지하고 있으며 지리적 표시 전국 제1호로 등록되어 그 품질을 인정받고 있다. 보성은 연평균기온 13℃와 강우량 1,400mm로 차나무 생육의 최적지이며, 해양성 기후와 대륙성 기후가 만나는 지점에 위치하고 있다. 이러한 지리적 특성으로 인해 일어나는 안개의 자연차광 현상으로 차의 특성이 발현되기에 천혜의 조건을 가지고 있는 전국 최대의 녹차 주산지이다.

13/ 영주시 부석사 위에서 바라본 풍경

장민석 • 학부 '11학번 • Samsung SHW-M250S • 2011년 8월 15일 촬영

경상북도 영주시 부석면에 위치한 부석사(浮石寺)의 풍경이다. 무량수전 앞에서 내려다 본 것인데, 활짝 핀 꽃, 조금 아래에 부속 건물, 그리고 멀리 보이는 울창한 나무들로 가득한 소백산맥의 한 줄기가 장관을 이루고 있는 모습이다. 부석사 무량수전은 팔작지붕과 주심포 양식을 사용하여 만든 고려 시대의 목조 건물로, 안동 봉정사 극락전과 함께 더불어 고대 사찰 건축의 구조를 연구하는 데 매우 중요한 건물이 되고 있다.

14/ 고창군의 풍천장어 마케팅

장성민 • 학부 '02학번 • 대학원 '08학번 • Canon EOS Kiss • 2009년 1월 29일 촬영

풍천(風川)은 특정 지명이라기보다는 보통명사이다. 물이나 바람이라는 말을 어느 특정인이나 지역이 소유할 수 있는 것이 아닌 것처럼 지역에 따라 같은 장어를 두고 뱀장어, 민물장어, 풍천장어라고 부를 수 있다. 조석과 조차(밀물 썰물 시 수위 변화)의 영향이 큰 서해안에 인접한 작은 강이나 소하천에 바닷물이 밀려 들어오면서 이곳에 서식하는 장어가 함께 들어오는데, 이때 바닷물과 함께 바람을 몰고 온다 하여 붙여진 이름이다. 자연현상을 거역하고 서출동류(西出東流)로 역류하는 하천을 풍수지리에서는 '풍천'이라 한다. 우리나라에서는 유일하게 선운사 앞 하천만이 그러하기 때문에 풍천은 풍수학의 일반명사이면서 선운사 앞 하천을 일컫는 고유명사로 굳어졌다. 전라북도 고창군 아산면 삼인리에서는 장어 양식이 성행하면서 남성의 정력과 결부시킨 장어 마케팅이 행해지고 있다.

15/ 포천의 시크교 구르드와라 싱 사바 사헤브

장영원 • 학부 '04학번 • 대학원 '08학번 • Olympus SP570 UZ • 2011년 6월 5일 촬영

'구르드와라'는 시크교 예배당을 지칭하는 말이다. 사진 속의 구르드와라는 경기도 포천시 소흘읍 이동교리에 위치하고 있다. 이곳은 2001년 경, 한국에 거주하는 시크교도들의 성금 모금을 통해 지어졌다. 인도에서 볼 수 있는 전형적인 구르드와라와는 달리 그다지 화려하지 않은, 한국에서 흔히 볼 수 있는 건물 양식이다. 인도 본국과 비교해서는 물론이고, 꽤 많은 시크교도들이 거주하고 있는 캐나다 등지와 비교할 때 그 수가 현저히 적기 때문에 경제적인 이유가 많이 반영된 것으로 보인다. 건물 외형만으로는 시크교 예배당인 것이 확연히 드러나지 않지만, 이를 보완하는 많은 장치들이 있다. 우선 "GURUDWARA SHRI SINGH SABHA SAHIB(구르드와라 시리 싱 사바 사헤브)"라고 적힌 간판을 설치하였고, 건물 우측에 걸린 구르드와라의 상징물인 삼각 깃발을 통해서도 이곳이 구르드와라임을 알리고 있다. 깃발에는 시크를 상징하는 문양인 칸다가 그려져 있다. 예배당의 유리문은 2011년 초에 기존의 철문을 헐고 새로 지은 것인데, 이는 시크교의 개방성을 상징하는 것이라고 한다. 시크교도들은 초대 성인인 구루 나낙이 일생을 탁발수양할 수 있었던 것에 대한 보답으로 사원에 방문하는 모든 이들에게 식사를 무료로 제공하고, 또 예배당을 거처로 쓸 수 있도록 한다. 이렇게 모두에게 시크교의 예배당이 열려 있음에도 사람들이 그 사실을 잘 모르고 있기에, 이를 알리고자 기존의 철문을 허물고 안이 들여다보이는 유리문을 설치했다고 한다.

WARA SHRI SINGH SABHA SAHIB
시리 싱 사바 사헤브
PARBANDHAK COMMETTE

16/ 시크교 경전 그랜드 사힙

장영원 • 학부 '04학번 • 대학원 '08학번 • Olympus SP570 UZ • 2011년 5월 8일 촬영

시크교에서는 성현들의 말씀을 정리한 신성한 경전인 그랜드 사힙을 성물로 여겨 예배당 안에 안치한다. 이들은 매주 일요일에 교당에 모여 예배를 드린다. 사진에 보이는 화려한 가마 모양 지붕 아래에 그랜드 사힙이 놓여 있다. 그 뒤쪽에 앉아 있는 시크교 의례 집도인 '바바지(일종의 목사)'는 경전을 읊어 예배 의식을 진행한다. 바바지가 이 그랜드 사힙의 일상을 관리하는 일종의 매니저 역할을 한다. 이들은 그랜드 사힙을 마치 생물인 것처럼 여기기 때문에 사람이 잠을 자듯 밤이 되면 잠자리에 들고, 아침이 되면 다시 일어나 안치대로 옮겨진다. 사진의 우측에 보이는 문이 그랜드 사힙의 방으로 연결되는 문이며, 그 안에는 각종 책과 천들이 정리되어 있다. 이 천들은 계절에 따라 그랜드 사힙을 놓아 두는 안치대의 천을 바꿔주기 위한 것으로, 그 색과 두께가 다양하다.

17/ 시크교도들의 식사 시간

장영원 • 학부 '04학번 • 대학원 '08학번 • Olympus SP570 UZ • 2011년 5월 8일 촬영

예배를 마치고 나면, 늘 1층에서 함께 음식을 나누어 먹는다. 음식은 인도 현지의 시크 사원이 그렇듯 시크교도들이 기부한 것이며, 교도가 아닌 일반인들이 찾아가도 무료로 제공해 준다. 남녀를 불문하고 식사당번을 정하여 준비하며, 식사를 준비한 사람들이 자리를 잡고 기다리는 사람들에게 일일이 나누어 주는 것이 원칙이다. 벽면에는 2층 예배당과 마찬가지로 성지인 황금사원의 사진을 크게 걸어 두었고, 그 외에 시크교의 위대한 스승 구루들의 초상화나 용맹한 시크교도들의 순교 관련 일화를 묘사한 그림들을 전시하여 자신들의 역사와 정체성을 늘 상기하도록 한다. 또한 TV라는 미디어 매체를 통해 인도 본국의 시크 관련 방송을 볼 수 있도록 연결해 두었다. 비록 물리적 거리를 멀지만, 통신기술의 발달이 그 심리적 거리를 현격히 좁혀 주어, 국경을 초월한 모국과의 매개 역할을 하고 있었다.

18/ 제주도의 산담 무덤

현재석 • 학부 '07학번 • Nikon D80 • 2012년 8월 22일 촬영

제주도에는 한국의 타 지역과는 구분되는 특이한 무덤 양식이 나타난다. 무덤 주위에 사각형으로 돌담을 쌓는 것인데 이 돌담을 '산담'이라 한다. 과거 제주도 사람들은 산 자와 죽은 자가 같은 공간에 공존한다고 생각하였고, 산담은 산 자와 죽은 자의 생활공간을 구분하는 의미를 가진다. 즉 산담 안은 사자(死者)의 생활공간이 되는 것이다. 산담을 쌓은 이유는 다음과 같다. 첫째, 과거 제주도의 중산간지역 일대에서는 소나 말을 초지에 방목하여 키웠는데, 이들에 의해 분묘가 밟히거나 훼손되는 것을 방지하기 위함이었다. 둘째, 방목을 위한 초지를 만들거나 화전경작을 하기 위해 제주도에서는 들에 불을 놓는 일이 잦았다. 이러한 들불이나 혹은 자연적인 산불에 의해 분묘가 훼손되는 것을 방지하기 위해 산담을 쌓았다. 셋째, 제주도는 바람이 강하고 흙이 다른 지역보다 적은 편이다. 때문에 바람에 의해 분묘의 흙이 휘날려 손실될 우려가 있었고 이를 방지하기 위해서이다.

태백 • 장성동 화광아파트

서울 • 성곽

신안군 증도면 • 태평염전

서울 • 청계천

해남 • 땅끝마을

제주도 • 산담 무덤

상암 • 월드컵 경기장

남해 • 지족해협 죽방염

영주 • 부석사

보성 • 녹차밭

여수 • 굴 양식장

성남 • 신시가지와 구시가지

19/ 중국의 역사도시 시안

이경택 박사 • 학부 '02학번 • 대학원 '03학번 • Canon PowerShot SX230HS • 2010년 7월 30일 촬영

시안(西安)은 황하의 최대 지류인 웨이수이 강(渭水)의 남쪽 언덕에 위치한 산시 성의 성도(省都)이며 중국 6대 고대도시 중 하나이다. 강력한 봉건국가를 건국한 진대(秦代)에 웨이수이 강 북쪽에 셴양 성이 위치하였고, 한대(漢代)와 수당대(隨唐代)에는 그 남쪽에 장안성이 건설되어, 시안은 실크로드의 번영을 배경으로 당시 국제적 도시였던 서양의 로마와 함께 그 명성을 떨친 바 있다. 사진은 당나라 황성 안의 주작대가(朱雀大街)에 있는 종루(鐘樓)와 진시황 병마용(兵馬俑)을 촬영한 것이다.

19
14

20/ 중국의 신도시 건설

남영우 교수 • Samsung Digimax i6 PMP • 2007년 3월 15일 촬영

중국 경제가 당분간은 7% 이상의 고성장을 지속할 것으로 예상되는 데다가 소비주도형 경제로의 전환을 위해 도시화에 박차를 가하면서, 향후 5~10년 사이에 중국은 본격적인 도시화의 가속화 단계에 진입할 것으로 예상된다. 이 시기에 중국의 도시화율은 60%대로 상승할 것이며 내륙의 새로운 도시군이 중국 도시화의 상징으로 떠오를 전망이다. 중국사회과학원은 중국의 도시화율이 2012년에 구조전환의 임계점인 50%를 넘어서고 2015년에는 전 세계 평균인 55%에 육박할 것이라고 예측한 바 있다. 이러한 수치는 필리핀(64.6%), 멕시코(76.8%) 등 같은 개발도상국과 비교해도 상당히 낮은 수준인데, 이는 제도적 요인의 제약 때문이다. 따라서 농촌거주자의 도시 이주를 엄격히 제한하고 있는 호구 제도의 개선은 중국의 도시화 촉진을 위해 반드시 필요하다. 사진은 텐진과 베이징 사이에 건설되고 있는 신도시의 모습을 여객기에서 촬영한 것이다.

21/ 중국 간쑤성의 자위관 장성

조문현 • 학부 '97학번 • Sony DSC-W30 • 2003년 8월 9일 촬영

2003년 중국 간쑤성(甘肅省) 자위관(嘉峪關) 시에서 촬영한 자위관 장성이다. 만리장성의 동쪽 끝이 산하이관이라면, 서쪽 끝은 자위관이라 할 수 있다. 자위관은 둘레 733m, 높이 11m의 성벽에 둘러싸여 성 내부 지역은 33,500m^2 이상이다. 황토를 판축으로 하여 굳힌 성벽이며, 서쪽은 벽돌을 겹쳐 쌓았다. 동서로 각각 누각(문루)과 옹성을 가지는 성문을 갖추어 동쪽을 광화문, 서쪽을 유원문이라고 한다. 서문에는 '자위관'이라는 편액이 걸려 있다. 관의 남북은 만리장성과 연결되어, 성벽의 구석 각부에는 누각이 설치되어 있다. 2개의 문의 북측에는 관의 최상부에 오를 수 있는 통로가 있으며, 자위관의 방이 설비는 크게 나누어 내곽, 외곽, 굴의 3개가 있다. 만리장성으로 연결되는 관 중에서 유일하게 선설 당시 그대로 남아 있는 건축물이다. 최동단에 있는 산하이관은 '천하제일관'이라고 칭하며, 자위관은 '천하제일웅관'이라고 한다.

22/ 글로벌 도시 홍콩의 야경

한문희 박사 • 대학원 '03학번 • Canon EOS 300D • 2008년 7월 18일 촬영

홍콩은 과거 영국의 식민지였으나 1997년 7월 중국으로 반환되었다. 공식명칭은 홍콩 특별행정구(Hong Kong Special Administrative Region)로, 홍콩 섬과 인근의 작은 섬들을 비롯하여 스톤커터 섬, 본토 일부와 본토의 주룽반도(九龍半島), 란터우 섬, 그 외 230개가 넘는 섬들로 이루어진 신계(新界)까지 포함된다. 사진은 글로벌 기능들이 집적해 있는 홍콩 고층빌딩의 야경이다.

23/ 안개 낀 타이베이 도시경관과 중정기념당

박성근 박사 • 대학원 '97학번 • Canon EOS500D • 2004년 2월 7일 촬영

1875년 타이중(臺中)의 대만부(臺灣府)가 이곳으로 옮겨 오면서 타이베이라고 부르기 시작하였으며, 1879~1882년의 공사 끝에 5개 성문을 가진 성벽이 완성되었다. 당초 타이베이 성 안은 대부분이 논이었으나, 시가지가 형성되어 상업이 활발해지면서 청네이 · 완화 · 다다오청의 세 지구를 갖춘 도시가 되었다. 청나라 때 타이베이에 행정관청이 세워져 유물이 있었으나 일본 식민지 통치 시기에 대부분이 파괴되었다. 나머지 일부는 제2차 세계대전 후 타이베이 도시가 팽창하는 과정에서 훼손되었다. 사진은 타이완의 최고층 건물인 '타이베이101'에서 상업 · 업무지구가 입지한 CBD를 촬영한 것이다.

타이베이를 대변하는 명품 중 하나는 중정기념당(中正紀念堂)이다. 이 기념당은 타이완의 국부(國父) 장제스(蔣介石)를 기념하기 위해 1975년부터 5년 동안 조성한 것이다. 중정기념당이 소재한 곳은 원래 수백 세대의 무허가 주택들이 난립한 달동네였다고 한다. 타이완 정부는 어느 날 밤 이곳에 불을 질러 주민들이 도망가게 하였고, 가옥이 불타 없어진 후 토지를 정비하여 오늘의 기념당을 조성한 것이다. 그곳에서 생을 유지하던 달동네 주민들의 참혹한 과거를 머금고 있는 중정기념당은 타이완 정부의 잔혹상을 짐작하게 한다.

24/ 타이베이의 화시지에 야시장

김재행 • 대학원 '08학번 • Canon EOS 500D • 2004년 2월 4일 촬영

타이완에는 타이베이 시의 스린(士林) 야시장을 비롯하여 라오허지에(饒河街) · 징메이(景美) 야시장과 타이중 시(臺中市)의 펑지아(逢甲) 야시장 등의 수많은 야시장이 있다. 특히 타이베이 시에 있는 화시지에(華西街) 야시장은 외국 관광객들이나 타이완 국내 관광객들에게 가장 인기가 있는 야시장이다. 이 시장 입구에는 중국전통양식으로 붉은색 등을 걸어 놓아 무척 화려해 보이며, 다양한 재료로 만든 음식들이 즐비하다. 타이완 사람들에게 음식은 하나의 예술인 동시에 문화적 표현이다. 그들의 특별한 역사적 배경 덕분에 타이완의 음식문화는 매우 다양하게 변화되어 왔다. 화시지에 야시장의 유명한 요리로는 뱀 요리와 뱀술 등을 들 수 있다.

25/ 도쿄의 부도심 신주쿠

오지선 • 학부 '11학번 • Samsung Digimax A7 • 2006년 7월 15일 촬영

도쿄 최대의 번화가인 신주쿠(新宿) 부도심은 신주쿠 역을 중심으로 형성된 번화가이다. 역의 동쪽은 제2차 세계대전 전부터 번화가였으며, 백화점·전문점·극장·음식점 등이 밀집해 있다. 국철인 소부센(總武線)을 비롯하여 주오센(中央線), 야마노테센(山手線) 및 지하철의 여러 노선이 지나가며, 게이오센(京王線), 오다큐센(小田急線), 세이부센(西武線) 등과 같은 사철(私鐵)의 기점으로서 교통의 일대 결절점을 이룬다. 에도(江戶) 시대에는 당시의 주요 교통로였던 고슈가도(甲州街道)와 오메가도(靑梅街道)의 분기점이었다. 관동대지진(關東大地震) 후 서쪽 근교로 주택지화가 진행되면서 도쿄 서부의 상업중심지로 성장하였다. 사진은 도쿄 도청사의 45층 전망대에서 촬영한 것이다.

26/ 일본 속의 유럽 하우스텐보스

김수정 • 학부 '10학번 • iPad • 2012년 1월 25일 촬영

일본 속의 유럽이라 불리는 이곳은 17세기 네덜란드 거리를 그대로 재현한 나가사키 시의 테마파크이다. 에도 막부 때의 유일한 해외무역 항구였던 곳으로 유럽을 동경하는 일본인들의 문화가 느껴진다. 면적은 도쿄 디즈니랜드의 2배, 잠실 롯데월드의 14배 정도로 매우 넓다.

27/ 나가사키 시 우라카미 성당의 성모상

김수정 • 학부 '10학번 • iPad • 2012년 1월 25일 촬영

메이지 유신 이후 종교의 자유를 얻게 된 나가사키 시 우라카미의 가톨릭교도들이 1880년부터 33년에 걸쳐 만든 성당이다. 건축 당시 붉은 벽돌을 이용해 동양 최대의 규모로 성당을 지었으나 제2차 세계대전 때의 원자폭탄 투하로 인해 파괴되어 모두 소실되었다. 1959년에 재건하였으나, 전쟁의 교훈으로 삼기 위해 원폭으로 파괴된 성모상을 그대로 남겨 두었다.

28/ 태국 암파와 수상 시장

장진영 • 학부 '09학번 • Canon EOS 40D • 2010년 1월 15일 촬영

암파와 수상 시장(Amphawa floating market)은 주말에만 열리는 태국 최대의 수상 시장으로 방콕 근교 사뭇송크람(Samut Songkhram)의 유명한 사원인 왓 암파완 체티야람(Wat Amphawan Chetiyaram) 근처에 위치하고 있다. 이 시장은 담넌 사두억(Damneon Saduak) 수상 시장에 비해 태국적인 시장으로 인정받고 있다. 여행자들은 이 시장에서 과일, 국수, 군것질거리로 허기를 메울 수 있다.

29/ 태국 아유타야 유적지의 왓 프라마하탓

박가희 • 학부 '11학번 • PENTAX K-r • 2011년 8월 24일 촬영

태국 아유타야 유적지에 있는 왓 프라마하탓(Wat Phra Mahathat) 사원은 1384년 나레수엔 왕에 의해 건설되었으며 아유타야에 있는 크메르 양식의 탑 가운데 가장 먼저 만들어진 것이다. 미얀마의 침략에 의해 아유타야 왕국이 무너지며 심하게 파괴되었고 오늘에 이르렀다. 아유타야 왕국은 현재의 태국 중부를 중심으로 타이족에 의해 세워졌던 왕조로 1351년에서 1767년까지 존재하였다. 아유타야 왕조의 태조는 라마티보디 1세로 태국어로 '우통 왕'이라 불린다. 사진은 왓 프라마하탓의 내부 모습이다.

30/ 캄보디아의 투슬렝 박물관

김영호 교수 • Canon EOS 500D • 2010년 7월 2~3일 촬영

투슬렝 박물관의 영어식 표현은 Tuol Sleng genocide museum이다. 폴 포트로 대표되는 캄보디아 공산당인 크메르루즈의 집권 당시, 1975년부터 4년 동안 2만여 명이 끌려와서 살해당한 곳이다. 그 잔혹함은 우리나라의 삼청교육대를 뛰어넘는 수준이었다. 당시 학살의 기준은 유명하다. 무자산의 농민에 기초하여 지식인과 부자들을 없애고 모든 사람이 절대적으로 평등한 원시 공산주의를 이루기 위해, 안경을 쓴 사람, 손에 굳은살이 없는 사람들은 모두 모아서 학살을 했다. 정치 · 경제적으로 불안한 사회에서 집권을 유지하기 위한 공포정치의 한 부분이었을 것이다. 35년 이상 지난 과거이지만, 수만 명의 사람이 죽었다는 이야기 때문인지, 어딘가 차가운 기운이 피부로 느껴지는 듯한 음산한 인상을 받았다. 실내에 또 다른 벽돌담을 세우고 그 안쪽의 격리된 공간에는 사람을 꼭 묶을 수 있는 고리가 달려 있다.
그러나 이 기념관은 현재 캄보디아 정부에게 제법 쏠쏠한 외화소득을 올려 주는 효자 역할을 하고 있다. 또한 이 기념관이 1979년 캄보디아를 점령했던 이웃나라인 베트남에 의해 건립되었다는 역사도 매우 인상적이다.

31/ 캄보디아 시하누크빌의 휴양지

김영호 교수 • Canon EOS 500D • 2010년 7월 2~3일 촬영

캄보디아 시하누크빌(Sihanoukville) 근교의 한 계곡에 위치한 휴양지이다. 차를 타고 지나가다가, 캄보디아 기사 아저씨의 휴식을 위해서 아주 우연히 방문하게 되었는데, 외국인들은 전혀 방문하지 않는 내국인 전용 휴양지 같은 곳이다. 옆에 조그만 계곡이 있고 많은 사람들이 계곡에서 발을 담그고 쉬는 모습은 한국과 비슷하다. 사진에 보이는 것은 그곳에 위치한 휴식 시설인 대형 방갈로이다. 덥고 습한 나라답게 평상을 붙여서 바닥을 만들고 해먹을 걸어 놓은 것이 보인다. 하의를 시원하게 탈의한 남자아이와 아이의 할머니로 추정되는 아주머니가 옆에서 쉬고 있다. 캄보디아에서 만난 아랫노리를 시원하게 꺼내 놓은 아이를 볼 때면 1970~1980년대의 한국 생각이 나서 많이 반가웠다. 남사아이들의 아랫도리 노출과 남아선호사상과의 관계는 명확히 확인하지 못했지만, 약간은 관련이 있지 않을까 하는 생각이다.

32/ 캄보디아 똔레삽 호수의 선상 학교

김 걸 박사 • 학부 '91학번 • Nikon D80 • 2010년 6월 12일 촬영

캄보디아 수도인 프놈펜의 북서쪽에 위치한 동남아시아 최대 호수, 똔레삽 호수에 자리 잡은 베트남 초등학생을 위한 선상 학교(船上學校)의 전경이다. 똔레삽 호수는 캄보디아 최대의 내륙 어업지이자 동남아시아 최대의 담수호로 베트남 어업인과 캄보디아 어업인이 공생하고 있다. 선상에서 거주하는 베트남 가구의 자녀들을 교육시키기 위해 선상 학교를 지었으며, 이곳에서는 베트남 초등학생에게 초등교육을 제공하고 있다. 어업을 위해 캄보디아 똔레삽에 정주한 베트남인은 쌍끌이 어업방식을 사용하는데 소규모 전통방식의 그물망에 의존하여 물고기를 잡는 캄보디아인과 충돌을 빚기도 하며, 이것은 심각한 사회적 문제가 되고 있다. 아이들에게 베트남 고유의 문화와 역사를 가르치기 위한 선상 학교를 설립하여 운영하는 등 타국인 캄보디아에서 살아가는 베트남인의 생활상을 엿볼 수 있는 사진이다.

TRƯỜNG HỌC VIỆT NAM

33/ 캄보디아 메콩 강의 수상 가옥

안수영 • 학부 '96학번 • Sony DSC-T70 • 2010년 1월 29일 촬영

중국의 티베트에서 발원하여 인도차이나 반도의 5개 나라를 통과하는 메콩 강(Mekong River)은 다양한 용도로 이용되고 있다. 주로 농민들의 벼농사를 위한 관개용수를 비롯하여 수산업 및 관광업 등에 이용되고, 상류에서는 댐을 건설하여 전력을 생산하기도 한다. 강의 중하류에서는 강에 가옥을 건설하여 사람들이 거주하기도 한다. 이들은 주로 강물에서 고기를 잡아 생계를 유지한다. 건계에는 사진에서 보는 것처럼 수상 가옥에 거주하지만, 우계가 시작되면 가옥을 해체하여 뭍으로 올라가는 사람들도 많아 건계와 우계에 따라 이주가 반복되기도 한다.

34/ 열대지방 싱가포르의 도시경관

한문희 박사 • 대학원 '03학번 • Canon EOS 300D • 2007년 7월 28일 촬영

적도에 접해 있는 열대지방 싱가포르는 우기와 건기로 나뉘어지기는 하지만, 거의 매일 스콜(squall)이 내리면서 고온다습한 기후가 지속된다. 특히 도시에서는 건물 및 자동차 등의 열기가 더해지면서 고온다습한 기후환경을 쉽게 극복할 수 없다. 이러한 이유로 싱가포르의 시가지 외벽에서는 사진과 같이 에어컨 실외기가 특이한 모습을 연출하는 것을 어렵지 않게 볼 수 있다.

35/ 싱가포르의 중계 무역

손승호 박사 • 학부 '91학번 • 대학원 '99학번 • Canon EOS 300D • 2007년 7월 28일 촬영

말레이 반도의 남단에 있는 싱가포르는 영국 해군기지로 성장하기 시작한 후 세계적인 중계 무역의 기지로 발전하였다. 특히 말레이 반도로 진입하는 관문도시로서 기능을 하면서 항만 기능이 탁월하게 발전하였고, 근래에 들어서는 항만 기능과 함께 글로벌 기능의 입지도 증가하며 동남아시아의 허브로 등장하였다. 사진은 말라카 해협에 접해 있는 싱가포르의 항만시설로, 세계도시 싱가포로의 글로벌 기능을 보여 주고 있다.

36/ 필리핀의 보라카이 휴양지

임효묵 • 학부 '04학번 • Samsung SHW-M110S • 2011년 12월 13일 촬영

필리핀의 7,000여 개의 섬 중에서 보라카이(Boracay)는 중서부 파나이 섬(Panay province)의 북서쪽에 떠 있는 섬으로 세계적인 휴양지로 손꼽히는 곳이다. 필리핀 관광부에 따르면 보라카이에는 연간 90만 명(2011년) 이상의 관광객이 찾아오고 있으며, 그중 대한민국의 관광객은 약 10만 명 정도로 1위를 차지하고 있다. 이곳에는 길이 4km에 달하는 산호 모래 해변인 '화이트 비치(White Beach)'가 있는데, 1995년 세계비치대회에서 영예의 1위를 차지했고, 1996년에는 내셔널 지오그래픽이 호주의 골드 코스트(Gold Coast), 마이애미 팜 비치(Palm Beach)와 함께 세계 3대 해변으로 소개할 만큼 아름다운 곳이다. 이러한 자연경관과 조화를 이루기 위해 코코넛 나무 크기 이상의 건물을 지을 수 없으며, 자연재해의 피해를 입지 않도록 파도가 밀려오는 지점에서 300m 이내에 건물을 지을 수 없다. 보라카이에서는 세계적인 휴양지답게 각종 해양 스포츠와 레저를 즐길 수 있는데, 그중에서도 '선셋 세일링 보트(Sunset Sailing boat)'는 해가 질 무렵 화이트 비치 근처로 모든 보트가 몰려올 정도로 많은 사람들이 찾는다.

37/ 인도 라다크 '옴마니반메훔!'의 불교도시 레

이 얼 • 학부 '08학번 • SAMSUNG VLUU WB650 • 2011년 8월 21일 촬영

해발 6,000m가 넘는 설봉들을 병풍 삼아 두른 땅. 인구 3만 명의 도시, 라다크 지역의 교통 요충지 레(Leh)이다. 과거 라다크의 수도이기도 했다. 일 년 중 여름 4개월 정도만 제대로 된 도시기능을 수행하고 나머지 8개월은 기온이 영하 20도를 넘나들어 눈이 도시를 점령한다. 티베트 문화의 영향을 많이 받은 레의 종교는 당연히 불교이다. 특히 '옴마니반메훔'이라는 구절을 읊거나 새겨 놓는 걸 좋아한다. 뜻은 간단하다. 'Good Luck!' 인생의 희로애락은 결국 절대자에 달린 법. 가만히 생의 행운을 바라는 마음은 척박한 기후에서 살아남은 레 사람들의 깨달음이다. 한 해 강수량이 겨우 80mm에 불과하며 비 오는 날은 연중 손에 꼽을 정도인 전형적인 사막기후이다. 레가 속한 라다크 지역을 둘러싼 히말라야 산맥은 남쪽에서 북상하는 비구름을 차단한다. 그래서 여름이라도 비가 거의 오지 않는다. 인더스 강으로부터 인위적으로 관개한 지역이 아니라면 풀이 자라기도 어렵다. 티베트 불교의 자비 덕분일까. 그나마 라다크의 중심지인 레는 푸르다. 과거에는 왕국이 있어 소박한 왕궁도 지었다. 높은 언덕에 위치한 왕궁은 레 시가지를 조망할 수 있는 좋은 전망대이다. 불교 사원의 일종인 곰파도 많다. 이들 모두는 높은 언덕에 자리 잡아 위용을 뽐낸다. 아마도 적의 공격을 방어하려는 지혜가 담긴 위치 선정일 것이다. 지금의 레 도심에는 관광객을 위한 게스트 하우스가 즐비하다. 1970년대 서방에 소개된 이후 줄곧 레를 방문하는 이방인은 늘고 있다. 중심지인 Market Road(사진 우측에 위치한 직선의 거리)의 기념품 상점에서는 외국인을 흔히 볼 수 있다. 그나마 시내 외곽에 넓은 광장(Polo Ground, 사진 왼쪽)이 레 사람들의 전통을 유지하는 역할을 한다. 대규모 축제나 공식 행사가 벌어질 때면 시민 모두가 광장에 모여 전통을 되새긴다. 하지만 그런 노력도 전 지구적 기후 변화 앞에서는 속수무책이다. 사람들은 최근 잦아진 비를 걱정한다. 그들은 건조한 기후 탓에 비에 대한 대비가 거의 없다. 전통 가옥 대부분은 처마가 없고 심지어 지붕이 없는 경우도 있다. 가옥 재료의 대부분이 흙인 그들에게 많은 비는 치명적이다. 이대로 기후 변화가 지속된다면 레 시가지를 구성하고 있는 거미줄처럼 얽힌 골목 풍경도 언제 사라질지 모를 일이다.

38/ 인도 바라나시의 도비왈라

지명인 • 학부 '06학번 • 대학원 • Canon PowerShot S80 • 2008년 3월 1일 촬영

도비왈라는 인도 갠지스 강에서 빨래하는 세탁공을 부르는 말로 불가촉천민에 해당하는 낮은 신분이다. 아버지가 도비왈라이면 자식도 그것을 계승해서 도비왈라가 되어야 한다. 바라나시의 도비왈라는 어린이부터 노인에 이르기까지 1만여 명에 달한다. 그들의 삶은 고달프기 짝이 없다. 인도의 빨래터 가운데 전통적인 곳을 도비가트라 부른다. 사진의 빨래터는 공인된 도비가트이다. 수많은 빨래를 분업형식으로 해서 섞이지 않게 배달하는 것이 그들의 노하우이다.

39/ 티베트 자치구의 조캉 사원 앞 기도 행렬

조문현 • 학부 '97학번 • Sony DSC-W30 • 2006년 8월 9일 촬영

조캉 사원은 티베트 자치구(西藏) 수도 라싸에 있는 라마교 사원이다. 중국어로 '따자오쓰', 우리말로 '다자오사'이다. 중국 당나라 시대에 강력한 영향력을 행사했던 티베트의 손챈감포 왕이 7세기 중엽에 자신에게 시집온 당나라 문성공주가 가져왔던 석가모니상을 보존하기 위해 지은 사원이다. 이곳은 티베트인들이 매우 신성하게 여기는 곳으로, 수많은 순례자들이 방문한다. 유네스코 세계문화유산으로 등록되어 있으며, 사진은 조캉 사원에 순례를 와 기도하는 행렬이다.

40/ 불교 신자의 오체투지

조문현 • 학부 '97학번 • Sony DSC-W30 • 2006년 8월 7일 촬영

불교 신자의 큰절을 말하며, 한자 '五體投地' 에서 보면 알 수 있듯이 '몸의 다섯 부분을 땅에 던지다' 즉 양 무릎과 양 팔꿈치, 이마의 다섯 군데를 땅에 닿게 절을 하는 것을 말한다. 티베트의 승려들은 오체투지를 통해 라싸의 포탈라 궁까지 가는 것을 최대의 성스러운 행위로 여기며, 몇 개월 혹은 몇 년에 걸쳐 몸소 수행을 하곤 한다. 사진은 라싸 시내에 거의 도착하여 포탈라 궁까지 얼마 남지 않은 거리에서 만난 오체투지 중인 어린 승려로, 차림세를 보아하니 출발한지 몇 개월은 족히 된 듯하다.

41/ 불교의 성지 포탈라 궁

조문현 • 학부 '97학번 • Sony DSC-W30 • 2006년 8월 7일 촬영

티베트하면 성도 라싸요, 라싸하면 이 포탈라 궁을 빼놓고 말할 수 없다. 라마교의 최대 수장인 달라이 라마가 있던 곳으로, 티베트 불교신자들에게는 최대의 성지이다. 요새처럼 지어져 있으며, 외관은 13층이지만 실제는 9층으로 되어 있다. 전체 높이는 117m, 동서 길이 360m, 총면적 10만 m^2에 이르며 벽은 두께 2~5m의 화강암과 나무를 섞어서 만들었다. 건물 꼭대기에는 황금빛 궁전 3채가 있고 그 아래로 5기의 황금탑이 세워져 있다. 홍 궁(紅宮)과 바이 궁(白宮)을 중심으로 조각과 단청으로 장식한 기둥들이 서 있고, 곳곳에 불당 · 침궁 · 영탑전 · 독경실 · 승가대학 · 요사채들이 흩어져 있다. 오체투시를 수행의 최고의 목표로 삼는 라마교 신사들의 종착지가 바로 이 포탈라 궁이다. 현재는 라싸를 관광하는 사람들이 필수로 방문하는 장소가 되었으며, 문화재 보호를 위해 하루 입장객을 제한하고 있다.

42/ 두바이의 도시경관과 사막 사파리

김민지 • 학부 '07학번 • 대학원 '11학번 • Canon EOS 450D • 2011년 12월 25일 촬영

아라비아 반도 동부에 위치한 아랍 에미리트 연합(UAE)은 7개의 토후국으로 이루어진 나라로, 1983년 영국의 보호국이 된 이후, 흥망과 집산을 거듭하다가 1971년 독립하였다. 면적은 83,600km^{2}이며, 그중 아부다비가 67,340km^{2}로 국토의 약 81%를, 두바이는 3,885km^{2}로 약 5%를 차지하고 있다. '사막의 기적' 내지 '중동의 뉴욕'으로 불리는 두바이는 7개의 토후국 중 유일하게 국제무역항으로 발전하여 중계 무역지가 되었다. 1969년부터 석유수출을 시작하여 새로운 산유국으로 알려졌으나, 다른 산유국에 비해 매장량은 적은 편에 속한다. 이를 극복하기 위한 수단으로 자유무역단지를 조성하고, 물류·항공·관광 인프라 등을 갖추는 등의 노력을 통해 현재의 중계 무역지로서의 모습을 갖추게 되었다. 사진은 두바이 한복판을 관통하는 왕복 16차선 도로인 세이크자이드 로드(Sheikh Zayed Road)의 중심부를 찍은 것으로, 이 도로는 아부다비까지 쭉 뻗어 있다. 아랍 에미리트의 가장 긴 도로로, 수도인 아부다비에서 시작하여 페르시아 만을 따라 아랍 에미리트의 해안선과 평행을 이루며 라스 알카이마까지 이어져 아랍 에미리트를 동서로 잇고 있다. 사진에서도 보이듯 두바이 CBD에 위치한 세이크자이드 로드의 양쪽에는 중동 '오일 머니'의 위엄을 뽐내는 첨단 기술 및 건축 기술이 도입된 빌딩들이 키높이 경쟁을 하듯이 치솟아 있는 모습을 볼 수 있다. 두바이는 그동안 부동산 개발을 중심으로 한 '디벨로퍼 방식'의 경제성장 모델을 채택하며, '세계 최고', '세계 최대'라는 수식어가 붙는 부동산 개발계획을 내놓고 이에 대한 해외투자를 받아 급속한 경제발전을 이루어 왔다. 그러나 2008년 말 닥친 글로벌 금융위기 이후 두바이로 몰렸던 외국 자본들이 썰물처럼 빠져나가면서 그동안 추진해 오던 다양한 프로젝트가 중단되는 등의 위기를 겪고 있다.

AKBANK
محطة ابراج الامارات
محطة المركز المالي
Emirates Towers Stn
Financial Centre Stn

LAND CRUISER
F 63668

45/ 성경이 발견된 동굴, 이스라엘의 쿰란

강수정 • 학부 '00학번 • 대학원 석사 '04학번 • Olympus E-P3 • 2012년 6월 16일 촬영

이곳은 이스라엘 국립공원, 사해 북서쪽의 건조한 평원으로 1947년 양치기 소년이 동굴에서 사해문서(성서 필사본)를 발견하여 알려지게 되었다. 쿰란(Qumran)에는 기원전 8세기부터 사람이 살기 시작했고, 기원전 2세기 유대교의 한 종류인 에세네스(Essenes)파가 공동체 생활을 하면서 사해문서를 남겼다. 사진은 사해문서가 발견된 제4 동굴로 총 11개의 동굴이 있다. 800개의 두루마리 필사본이 발견되었으며, 에스더서를 제외한 구약의 모든 사본이 훼손 없이 그대로 발견되었다. 사해사본 발견 전까지는 10세기 때의 사본이 가장 오래된 사본이었으나, 사해사본이 발견되면서 가장 오래된 사본이 되었다. 약 1천 년 이상의 차이에도 불구하고 10세기 사본과 사해사본의 성경 내용은 같다고 한다.

46/ 벨기에 플랑드르 지방 브뤼헤의 중세 도시경관

김부성 교수 • Canon EOS 400D • 2011년 9월 15일 촬영

북유럽의 베네치아로 일컬어지는 벨기에 플랑드르 지방의 중세도시 브뤼헤(Brugge)는 12세기에 도시경관의 골격이 형성되었고, 15세기를 정점으로 번영을 누렸다. 북서유럽의 주요도시로 부상한 브뤼헤는 다양한 직종의 시민들이 혼재한 까닭에 주거지역의 생태적 지역분화가 발생하지 않았다. 방어취락의 의미를 지닌 '무니키피움'으로 불린 것으로 보아 북서 플랑드르 지방의 군사적·행정적 중심도시로써 위치를 차지하고 있었던 것으로 추정된다. 실제로 브뤼헤라는 지명은 원래 이곳을 흐르는 레이에 강의 원어인 루기아(Rugia)에서 파생된 것이며, 8세기경 북부 게르만어로 하안 또는 나루터를 의미하는 브리기아(Bryggia)라는 단어와 융합하여 브뤼기아(Bruggia)라는 도시 지명이 생긴 것이다.

9세기경 바이킹의 침공에 대비하여 성곽을 축조하였고, 이곳을 초대 플랑드르 백작 보두앵(Baldwin) 1세(862~879년)가 거처로 삼았다. 그 후, 15세기를 정점으로 성장을 지속하였으나, 즈빈 만의 갯벌 퇴적으로 외항의 기능이 상실되고 모직공업의 기계화로 인한 투자 감소로 브뤼헤의 경제는 쇠퇴하기 시작하였다. 1904년에 브뤼헤의 외항인 제브뤼헤 항구의 완공으로 대형선박이 정박할 수 있게 됨에 따라 브뤼헤의 도시경제는 회복되었다. 이러한 역사적 부침에도 브뤼헤는 전통적인 중세적 도시 구조와 도시경관을 오늘날까지 잘 보존할 수 있게 되었다. 여기에는 오늘날 도심재개발을 억제한 벨기 정부당국의 노력도 크게 작용하였다. 이와 같은 정부의 적극적인 노력 덕분에 브뤼헤는 유네스코 세계문화유산으로 지정될 수 있었다.

POSTERIJEN

Hotel de Orangerie****

47/ 오스트리아의 그라츠

남영우 교수 • Canon EOS Kiss • 2007년 7월 1일 촬영

오스트리아에서 두 번째로 큰 도시인 그라츠(Graz)는 인구 약 23만의 도시로 스티리아 알프스 산맥과 넓고 비옥한 그라처펠트 골짜기 사이의 무르 강변에 있다. '그라츠'라는 말은 '조그만 요새'를 뜻하는 슬라브어 '그라데치(gradec)'에서 유래하였다. 1240년경에 지방자치권을 획득하고 중세에는 슈타이어마르크 주의 중심지가 되었으며, 1379년 이후에 레오폴드 합스부르크 가의 상주지가 되었다. 1530년경 개신교가 창설되어, 로마의 권위를 복구한 황제 카를 5세에 의한 억압조처가 있기 전까지 번성했다. 나폴레옹 전쟁 동안 1797년, 1805년, 1809년 3차례에 걸쳐 프랑스에 의해 점령되었다. 17, 18세기의 무역 중심지였으며 요한 대공의 관심 덕분에 19세기에는 더욱 급속히 발전했고, 1850년에 시가 되었다. 교육기관으로는 그라츠 대학교(1585), 그라츠 기술대학교(1811)가 있고, 역사적 · 예술적 수집품을 소장한 슈타이어마르크 주립박물관이 있다. 음악연극대학은 1963년에 설립되었다. 철로와 산업요지로서 제철소 · 제강소 · 양조장 · 철로공작소 등이 있으며, 정밀기계 · 광학기구 · 기계류 · 가죽 · 종이 · 섬유 · 화학제품 등을 생산한다. 근처 언덕에서 생산되는 곡물 · 과일 · 포도주 등이 활발히 거래되며, 관광업 역시 주요산업이다. 도시의 중앙을 흐르는 무르 강에는 달팽이 모양의 '디 인젤'이라 불리는 인공섬이 있고, 도시 중심부에 위치하는 현대미술관 '쿤스트하우스 그라츠'는 '친근한 외계인'이라 애칭되고 있는데, 건립 이전에는 그라츠 시민들이 반대했으나 오늘날에는 그라츠의 랜드마크가 되었다.

48/ 크로아티아의 성곽도시 두브로브니크

남영우 교수 • Canon EOS Kiss • 2007년 6월 28일 촬영

'아드리아 해의 진주' 혹은 '아드리아 해의 여왕'이라는 애칭을 가진 크로아티아의 두브로브니크(Dubrovnik)는 오늘날 유럽인들에게만 잘 알려진 인구 5만의 평범한 관광도시에 불과하지만, 중세에는 베네치아와 더불어 해양무역도시로서 명성을 떨쳤던 성곽도시였다. 두브로브니크는 7세기 초 난민들이 안전지대인 라우스로 유입되면서 어촌을 형성한 것이 도시형성의 계기가 되었다. 라틴어의 라우스(Raus) 혹은 라구시움(Ragusium), 이탈리아어의 라구사(Ragusa)는 모두 영어의 암석(rock)을 뜻하는 것이다. 도시의 성벽은 13세기 후반에 확장되었고, 14~15세기를 거치면서 성벽과 방어시설이 오늘날의 형태를 띠게 되었다. 두브로브니크는 9~16세기에 걸쳐 비잔틴제국을 비롯한 노르만·베네치아·헝가리·오스만 터키 등의 지배를 받으면서도 지리적 이점을 살린 고도의 외교술을 발휘하여 독자적인 자유를 유지하였다. 또한 역사적으로 지중해 세력과 슬라브 세력, 기독교 문화와 이슬람 문화의 남북과 동서의 접촉점이라는 지정학적 비교우위를 살려 부를 축적할 수 있었다. 영국의 극작가 버나드 쇼(Bernard Shaw)는 "지상의 천국을 보려거든 두브로브니크로 가라."라고 예찬할 만큼 감탄을 자아내는 도시로 두브로브니크를 꼽았다. 이 도시는 1979년 유네스코 세계문화유산으로 등재되었다. 사진 속의 새파란 바다는 아드리아 해인데, 이탈리아 축구 대표팀을 '아주리 군단'이라고 부르는 것은 이 바다 빛에서 연유되었다.

49/ 노르웨이 북부 노를란 주의 로포텐 제도

김부성 교수 • Canon EOS 400D • 2011년 7월 17일 촬영

북극권 내에 있으며 본토와 떨어져 있는 이 제도는 로포텐-베스테롤렌 제도의 남단을 이루고 있다. 5개의 주요 섬들이 남북으로 110km에 걸쳐 뻗어 있으며, 그밖에도 이 제도에는 많은 작은 섬들과 암초지대가 있다. 제도 전체의 길이는 175km이고, 면적은 대략 1,425km^{2}이다. 이곳과 본토 사이에는 넓고 깊은 베스테롤스 협만이 있다. 화산암(편마암과 화강암)으로 이루어진 이 섬들은 부분적으로 물에 잠긴 산맥의 침식된 꼭대기 부분이다. 가장 높은 지점은 아우스트보괴위에 있는 해발 1,161m의 히그라프스틴덴이다.

북극권 북쪽에 있으며, 따뜻한 북대서양 해류가 흘러 기후가 온화하다. 외위스타인 왕이 아우스트보괴위에 있는 카베보그 근처에 어부들을 위하여 교회와 숙소를 지은 1120년 이래 계속해서 사람이 살고 있다. 주업은 어업이며, 19세기 말 관광객들이 이곳에 찾아오기 전까지 어업은 거의 유일한 경제활동이었다. 2~4월 사이의 고기잡이 철에는 노르웨이 전역에서 수천 명의 사람들이 몰려와 대구를 낚아 올린다. 산업은 대구 간유 가공이나 물고기를 이용한 비료제조처럼 주로 어업과 관련되어 있다. 감자와 딸기류가 약간 재배되기도 하지만, 토양이 부족하여 가장 생명력이 강한 곡류조차 재배가 힘들다.

50/ 노르웨이 카라쇼크의 사미족 의회 청사

김부성 교수 • Canon EOS 400D • 2011년 7월 22일 촬영

사미족(Sami people)은 지역에 따라 Saami 또는 라프(Lapp)라 불리는 북유럽의 토착민으로, 대부분 거친 자연환경의 노르웨이에 거주하고 있다. 그들은 전통적으로 해변에서 고기잡이를 하거나 내륙에서 사냥과 가축을 기르며 생활한다. 이곳에서는 노르웨이 거주 사미족 의회가 개최된다.

51/ 독일 최초의 전원도시 에센의 마가레텐훼에

김부성 교수 • Canon EOS 400D • 2011년 10월 7일 촬영

독일 조형예술의 산실인 마가레텐훼에(Magaretenhoehe)의 모습인데, 여기에는 한국인 공방들도 있다.

52/ 독일 뒤스부르크의 도시역사 박물관

김부성 교수 • Canon EOS 400D • 2012년 7월 28일 촬영

독일 뒤스부르크 도시역사 박물관에서는 저명한 지도학자 메르카토르 탄생 500주년을 기념하는 전시회가 열리고 있었다. 사진은 그 기념 포스터를 촬영한 것이다.

53/ 루르 공업지대 뒤스부르크 내항의 재개발

김부성 교수 • Canon EOS 400D • 2011년 10월 8일 촬영

뒤스부르크는 1880년 이후 산업화를 확대해 나가면서 1905년 루로르트 항구와 그 외곽지역을 비롯해 마이데리히를 흡수하고, 1929년에는 주요산업지역인 함보른, 호흐펠트, 노이도르프, 뒤센을 끌어들여 오늘날 중요한 도시가 되었다. 뒤스부르크는 탄광과 철강산업의 중심지로 중기계·화학제품·직물·목재·금속제품 등을 생산한다. 항만시설이 노후화되어 재개발사업이 꾸준하게 진행되었다.

54/ 루르 공업지대의 산업유산인 에센의 촐페라인

김부성 교수 • Canon EOS 400D • 2011년 10월 7일 촬영

뒤셀도르프에서 북쪽으로 약 20km 더 올라가면 루르 공업지역의 도시 중 하나인 에센(Essen)이 있고, 에센 북쪽 외곽에는 유네스코가 산업유산으로 지정한 광산지대 촐페라인(Zollverein)이 있다. 독일의 탄광이나 광산은 한국과는 달리 저지대 평지에 있다. 이 광산은 1923년부터 1986년까지 운영되었고, 역사적, 건축적인 가치를 높이 평가받아 2001년 유네스코 세계문화유산으로 선정되었다. 촐페라인 광산 안에 위치한 디자인 박물관(design museum)은 광산 건물동 7동에 위치해 있는데, 광산의 보일러실을 개조하여 디자인 박물관으로 만들었다. 이 디자인 박물관은 현대 디자인 분야에서 세계 최대의 전시 규모를 자랑한다.

55/ 유럽 대륙의 최북단 노르캅

김부성 교수 • Canon EOS 400D • 2011년 7월 27일 촬영

노르캅(Nord Kapp)은 영어로는 North Cape이다. 이곳은 지구 위에서 길이 끊긴 곳이다. 철조망이 어마어마하게 둘러쳐 있고 그 앞에 바리게이트가 쳐 있어 보통 차량은 들어갈 수 없다. '북위 71도 10분 21초'라는 화살 표시 조형물과 노르캅 기념 조형물인 지구본, 그리고 움집과 같은 노르캅 기념관만이 넓은 바위 위에 세워져 있어 이곳이 유럽 최북단임을 말해 준다.

56/ 슬로베니아 카르스트 지방의 프레드야마 성

김부성 교수 • Canon EOS 400D • 2011년 5월 16일 촬영

프레드야마 성(Predijama-castle)은 슬로베니아 남쪽에 위치한 포스토이나에서 10km 떨어진 곳에 위치하였다. 슬로베니아 말로는 'Predjamski Grad'라고 한다. 12세기에 지어졌을 것으로 추정되며 절벽 위에 위태롭게 걸려 있는데, 내부에 들어가면 절벽과 분리되어 있는 것이 아니라 이어져서 건설된 것임을 알 수 있다.

57/ 트롬쇠의 북극 박물관

김부성 교수 • Canon EOS 400D • 2011년 7월 20일 촬영

1872년에 설립되었고, 1976년 트롬쇠 대학교(Universitetet i Tromsø, UiT)와 통합되었다. 노르웨이 북부 지역의 지질학·식물학·동물학·고고학·문화사·사미족 문화 등과 관련된 자료를 모아 전시하고 있으며, 연간 8만~9만여 명의 관람객이 방문하고 있다. 부설기관으로 북극 고산 식물원(Arctic-alpine Botanic Garden)이 있다. 전시관은 노르웨이 북부 해안지역의 원주민인 사미족(Sami People)과 중세 바이킹(Viking)의 전통적인 생활방식과 문화, 역사를 보여 주는 전시관을 비롯한 6개의 섹션으로 구분되어 있다. 주요 전시물은 5만여 점에 이르는 사진 자료와 석기시대에서 중세시대에 이르는 다양한 유물 자료들이다.

58/ 중세 독일의 도시경관이 살아 있는 로텐부르크

키타다 코지(北田晃司) 박사 • 대학원 '97학번 • Nikon D80 • 2012년 9월 9일 촬영

로텐부르크(Rothenburg)는 제2차 세계대전으로 도시의 약 4할 정도가 파괴되었으나, 완전하게 복원된 곳으로 근세에 그 가치를 인정받아 '중세의 보석'이라 칭송되는 고도(古都)이다. 로맨틱 가도의 하이라이트로, 산 위에 성벽으로 둘러싸인 거리가 즐비하여 마치 중세로 타임머신을 타고 온 것 같은 착각에 빠져들게 한다. 사진은 로텐부르크의 중심인 마르크트 광장과 옛 모습을 간직한 골목길의 경관인데, 마르크트 광장에는 시청사와 시의원 연회관 등이 입지해 있다.

59/ 파리의 기원지 시테 섬

이영웅 • '06학번 • Nikon Coolpix S6000 • 2010년 8월 15일 촬영

시테 섬(Île de la Cite)은 프랑스 파리 세느 강에 있는 두 개의 자연 섬 가운데 하나로, 행정 구역상으로는 파리 1구와 4구에 속한다. 세느 강에 있는 하중도 가운데 시테 섬과 생 루이 섬은 자연 섬이며, 시뉴 섬은 인공 섬이다. 섬 이름 '시테'는 프랑스어로 도시를 뜻한다. 율리우스 카이사르가 쓴 갈리아 전기에 따르면 기원전 1세기 이곳에 파리시족이 살고 있었다고 한다.

파리의 발상지로 여겨지며 섬 안에는 노트르담 대성당과 생트 샤펠 성당이 있다. 1850년대까지만 하더라도 이곳에는 주택단지와 상업단지 밖에 없었지만, 현재는 사법부 청사와 병원, 파리 경찰청 청사가 들어서 있다. 섬 최서단과 최북단에는 주택단지가 들어서 있는데, 이곳은 16세기 수도원이 들어설 터로 선정되었다가 건설이 보류된 곳이었다.

60/ 프랑스 파리의 랜드마크 개선문

이근아 • 학부 '11학번 • Samsung SHW-M440S • 2012년 8월 23일 촬영

반경 240m의 원형 광장에 서 있는 높이 50m의 건축물로 프랑스 역사 영광의 상징인 개선문(l'Arc de Triomph)은 콩코르드 광장에서 북서쪽으로 2.2km 거리에, 샹젤리제 거리의 끝 부분에 위치해 있다. 이 개선문과 그 주위를 둘러싼 샤를르 드골 광장은 파리에서 가장 유명한 장소라고 할 수 있다. 805년 오스테를리츠 전투를 기념하여 나폴레옹 1세에 의해 건설된 개선문은 완공하는 데에 30년이 소요되었으며, 나폴레옹은 개선문을 보지 못하고 사망하였다.
일반적으로 개선문이란, 개인이나 국가의 공적을 기념할 목적으로 세운 대문 형식의 건조물을 가리키며, 주로 고대 로마에서 많이 세워졌다. 르네상스 시대 이후로 지어진 개선문 가운데는 나폴리에 있는 알폰소 1세 개선문이 있으며, 파리에 있는 17세기의 생드니 문과 생마르탱 문, 그리고 장 샬그랭이 1836년에 지은 개선문 등이 있다. 런던에 있는 존 내시의 마블 아치(1828년 설계), 뉴욕 시에 있는 스탠퍼드 화이트의 워싱턴 아치(1895년 완성)가 유명하다.

61/ 다보스 포럼으로 유명해진 스위스의 다보스

강수정 • 학부 '00학번 • 대학원 석사 '04학번 • Canon EOS Kiss • 2009년 10월 17일 촬영

다보스(Davos)는 스위스 시골마을이지만, WEF(World Economy Forum)라 불리는 다보스 포럼으로 각광을 받게 되었다. 여름에는 한적하다 못해 썰렁할 정도인데, 겨울에는 매년 1월 말에 다보스 포럼이 열리고 스키어들과 비즈니스맨들이 몰려들어 명품상점과 스키용품, 4~5성급 호텔들이 북새통을 이룬다. 해발고도 1,575m의 고지대 요양지 다보스는 풍경이 매우 아름답기로 정평이 나 있다. 1260~1282년에는 독일 식민지, 1477~1649년에는 오스트리아 식민지였으며, 유럽 강대국들에 둘러싸여 있다 보니 주민들은 영어, 스위스어, 독일어, 프랑스어의 4개 국어에 능통하다.

62/ 오스트리아 빈의 쿤스트하우스

이승훈 • 학부 '07학번 • Olympus X350 • 2008년 3월 24일 촬영

미술가이자, 환경예술가였던 프리덴슈라이히 훈데르트바서(Friedensreich Hundertwasser)의 설계로 오스트리아 수도 빈에 지어진 건축물로, 그의 이름을 따서 훈데르트바서 하우스라고도 불린다. 삭막하고 특징 없는 주택이 아닌, 현대인들이 꿈꾸는 이상적인 주거건축물을 짓고자 했던 시 당국이 훈데르트바서에게 건의하여 1985년 10월 건설되었다. 빈 시에서 운영하는 집합주택으로, 총 52구의 가구가 실제로 살고 있으며 상점 5개, 어린이 놀이터 2곳, 윈터가든, 카페가 있다. 또한 지붕 정원을 만들어 그 안에 250종류의 나무, 관목, 초목을 심었다.

"자연계에 직선은 존재하지 않는다."라고 했던 그의 생각을 바탕으로 하여 강렬한 색채와 서로 다른 모양의 창틀, 둥근 탑, 곡선으로 이루어진 복도 등이 조화를 이루게 디자인되어 있으며, 신과 사람을 맺는 다리 역할을 한다는 생각 아래 지어졌다고 한다. "기능적인 건축은, 자를 대고 그림을 그리는 경우와 마찬가지로, 결국에는 생명력을 잃게 될 것이다."라고 했던 그의 작품세계가 잘 묻어나는 곳이다.

63/ 체코 프라하 구시가지의 틴 성당

김지은 • 학부 '10학번 • Samsung NX1000 • 2012년 8월 22일 촬영

프라하 구시가지를 대표하는 상징적인 교회로 1365년에 건립되었는데, 이후에도 계속 변형되어 17세기까지 다양한 건물 양식이 가미되었다. 외관은 고딕 양식으로 지어져 정교하면서도 화려하고, 80m 높이의 첨탑은 이 교회의 상징으로 멀리서도 볼 수 있다. 그리고 내부는 바로크 양식으로 되어 있다. 프라하 구시가지의 시청사 동쪽 맞은편, 골즈 킨스키 궁전 바로 옆에 위치한다. 북쪽 벽에 있는 로코코 양식의 제단과 아름다운 동북쪽 출입문이 유명하며, 황금 성배(聖杯)를 녹여 부착한 첨탑의 성모마리아상, 고딕 양식으로 조각된 실내의 십자가에 매달린 예수 그리스도상, 백랍으로 만든 세례 받침 등도 성당의 명물이다. 성당 안에는 루돌프 2세를 위해 일했던 덴마크의 천문학자 브라헤(Tycho Brahe)가 묻혀 있으며, 교회 바로 옆에는 프라하 출신의 작가 카프카(Franz Kafka)의 생가가 있다.

ALFONS MUCHA
exhibition
RESTAURANT CAFE U TYNA
SALVADOR DALI
exhibition

64/ 이탈리아 로마의 콜로세움

곽온유 • 학부 '09학번 • Nikon D5000 • 2012년 9월 1일 촬영

로마의 상징인 거대한 건축물 콜로세움은 서기 72년 베스파시아누스 황제가 짓기 시작해 그의 아들 티투스 황제가 4만 명의 인원을 동원해서 완성시킨 원형 경기장이다. 콜로세움이라는 이름은 라틴어로 Colossus, 즉 '거대하다'는 뜻이며 이 경기장 바로 옆에 콜로세오(Colosso)라고 하는 네로 황제의 거대한 동상에서 유래한것이라고 한다. 이곳에서는 전쟁 포로 중 선발된 검투사와 맹수가 서로 죽고 죽이는 잔인한 전투경기가 벌어졌고 황제를 비롯한 로마 사람들은 그것을 보며 즐겼다. 지진에 의해 건물이 무너지고, 떨어진 석재를 가져다가 교회를 짓는 데 사용하기도 하면서 반쪽이 사라진 상태로 19세기까지 방치되어 있었으나, 이후 기독교의 순교 성지로 지정되면서 교황의 명에 의해 복원, 보존되고 있다. 지금이라도 당장 글래디에이터가 튀어나올 것만 같은 분위기를 느낄 수 있다.

65/ 스페인 세고비아의 수도교

김지은 • 학부 '10학번 • Samsung NX1000 • 2012년 10월 27일 촬영

세고비아의 수도교(Segovia aqueduct)는 세고비아의 아소게호 광장(Plaza Azoguejo)에 우뚝 서 있으며 프리오 강(Rio Frio)의 물을 도시의 높은 지역으로 대기 위해 만든 것이다. 이 수로(水路)의 별칭은 '엘 프엔테(El Puente)'인데, 이는 스페인어로 '다리'라는 뜻이다. 지금도 사용되고 있으며 프리오 강으로부터 16km의 거리를 거쳐 스페인 세고비아 시까지 물을 공급한다. 이 다리는 로마시대 건축물 중 가장 잘 보존된 것 가운데 하나이며, 과다라마 산맥에서 채굴한 검은 화강암으로 만들었고 모르타르를 사용하지 않았다. 지상에 노출된 부분의 길이는 275m이고 높이가 9m 이상인 148개의 아치로 이루어져 있는데, 특히 지형이 움푹 패인 중앙 부분에는 지상 28.5m 높이의 2층짜리 아치가 세워졌다. 이 수로 옆의 계단으로 올라가면 세고비아의 아름다고 인상적인 도시 전경이 한눈에 내려다 보인다. 매년 이것을 보기 위해 수많은 관광객들이 이 작은 도시를 찾고 있으며, 실제로 보면 그 거대함에 놀라게 된다. 또한 밤이 되면 조명을 받은 수도교의 더욱 아름다운 모습을 볼 수 있다.

Cándido
HORNO DE ASAR

66/ 스페인 론다의 누에보 다리

김지은 • 학부 '10학번 • Samsung NX1000 • 2012년 10월 20일 촬영

투우장에서 구시가 방향으로 조금만 걸어가면 론다(Ronda)의 상징이라 할 수 있는 누에보 다리(Puente Nuevo)의 모습이 보이는데, 인구가 4만이 채 되지 않는 작은 도시인 론다를 방문하는 이유는 바로 이 다리를 보기 위함이라고 할 수 있다. 누에보 다리는 신시가와 구시가를 연결하는 2개의 다리 중 하나로, 깊이가 100m나 되는 협곡 사이에 돌을 쌓아 건축했는데 다리의 길이보다도 아래쪽 협곡까지 화강암으로 이어진 다리의 높이가 더 긴 형태이다. 다리 아래쪽으로는 강의 침식작용으로 만들어진 협곡이 굽이치는 형태로 넓은 평원을 향해 이어져 있으며, 아래를 내려다보면 까마득히 아래쪽에 보이는 협곡으로 빠져 들어갈 것만 같아 다리에 힘이 풀릴 정도이다. 누에보 다리 옆으로는 깎아지른 절벽의 끝을 따라가며 하얀 집들이 촘촘히 붙어서 아슬아슬하게 걸쳐 있는데 누에보 다리의 웅장한 모습과 어우러져 절경을 이룬다. 다리 건너 바로 오른쪽으로는 협곡을 따라 아래쪽으로 내려가는 오솔길이 있는데 누에보 다리의 멋진 모습을 담으려면 반드시 그 길을 따라 작은 전망대까지 내려가야 한다. 스페인 소개 책자에도 자주 등장하는 누에보 다리의 사진이 주로 이곳에서 촬영된다. 이곳에선 누에보 다리의 웅장한 모습과 흙빛으로 이어진 황량한 절벽 끝의 파라도르, 안달루시아 평원의 붉은 흙과 초록색 나무의 향기를 담고서 협곡을 따라 불어오는 바람의 느낌까지, 사진만으로는 담을 수 없는 론다의 매력을 온몸으로 느낄 수 있다. 고풍스런 옛 이슬람 마을이사 스페인 민속 신앙에서 낭만적으로 여겨지는 장소인 론다는 헤밍웨이를 비롯해 많은 여행자들을 매혹시켜 왔다. 이슬람 시대 이곳 대부분은 독립적인 소국(小國)의 수도였으며, 난공불락인 위치로 인해 1485년까지 기독교도들의 손에서 벗어나 있었다. 오늘날에는 새로운 생활 방식을 찾는 사람들이 찾아와 살고 있다.

67/ 유라시아 대륙의 땅끝 포르투갈의 호카 곶

남영우 교수 • Canon EOS Kiss • 2009년 7월 6일 촬영
김지은 • 학부 '10학번 • Samsung NX1000 • 2012년10월 24일 촬영

호카 곶(Cabo da Roca)은 포르투갈 서쪽 끝에 있으며, 영어로는 Cape Roca, 한자로는 갑(岬)이라고도 한다. 유라시아 대륙의 서쪽 끝으로 리스본에서 서북서쪽으로 40km 정도 떨어져 있으며 리스보아 주에 속하는 대서양 연안에 있다. 로마시대에 프로몬토리움마그눔으로 알려진 이 곶은 높이 144m인 폭이 좁은 화강암 절벽으로 신트라 산맥의 서쪽 끝을 이룬다. 십자가 아래 비석에는 "이곳에서 땅이 끝나고 바다가 시작된다."라는 포르투갈 시인 카몽이스 시의 한 구절이 새겨져 있다.

68/ 캐나다 토론토의 다운타운 경관

이수환 • 학부 '11학번 • Sony NEX-5 • 2011년 7월 28일 촬영

토론토 카사 로마 꼭대기 층에서 촬영한 토론토 다운타운의 전경이다. 토론토의 상징인 CN타워가 보인다. 토론토는 캐나다 온타리오 주의 주도로 온타리오 호(湖) 북쪽 연안에 있는 캐나다 제1의 도시이다. 위치적 이점으로 일찍부터 호항(湖港)으로 발전하였다. 1749년 프랑스의 무역항으로서 요새가 축조되었으나 1759년 영국에 점령되어 요크라고 불렸으며, 1995년 상(上)캐나다의 주도(州都)가 되었다. 1834년 이후부터 토론토로 불리었으며 몬트리올이 프랑스계 캐나다의 중심지인 반면 토론토는 영국계 캐나다의 최대 중심지이다. 시내에는 장대한 건축물이 많고 특히 세인트제임스 교회, 세인트마이클 교회 등 큰 교회가 많다. 토론토 대학(1827년 창립)·요크 대학(1959년 창립) 등이 있고, 미술관·공원·동물원 등도 고루 갖추어져 있다. 시의 남쪽 끝에 있는 호반에서는 1912년부터 매년 6월이 되면 캐나다 정부의 후원으로 국제무역박람회가 개최되고 있다.

69/ 캐나다 오타와의 리도 운하

이수환 • 학부 '11학번 • Sony NEX-5 • 2011년 8월 14일 촬영

캐나다 수도 오타와에서 킹스턴까지 이어지는 운하이다. 길이는 202km로 19세기 운하의 형태를 고스란히 보존하고 있다. 영국의 왕립 공학자인 존 바이(John By) 대령이 1826년에 공사를 시작하여 1832년에 완공하였다. 1812년 미국은 전쟁을 일으켜 영국이 장악하고 있는 캐나다를 침략하였는데, 그때 군사 물자를 수송하고 침략에 대비하기 위하여 몬트리올과 킹스턴 사이에 운하를 건설한 것이다. 실제로 전쟁이 일어나지는 않았으므로 전쟁에 사용된 적은 한 번도 없다. 리도 운하보다 오타와 강(江)이 낮기 때문에 배를 운행하는 방법이 독특하다. 모두 8개의 수문이 있는데 이 문을 하나씩 열어 물을 채워 수위를 높인 후 다음 문을 통과하는 방식으로, 당시의 증기선이 드나들 것을 염두에 두고 설계하였다. 현재는 여름에는 유람선을 운행하고 겨울에는 스케이트를 탈 수 있는 휴식 공간으로 이용되고 있다. 2007년 유네스코에서 세계문화유산으로 지정하였다.

Attention!

70/ 미국 로스앤젤레스의 CBD 경관

이영웅 • '06학번 • Sony DSLR-A200 • 2011년 8월 4일 촬영

로스앤젤레스(Los Angeles)는 뉴욕 시에 이어 미국에서 2번째로 인구가 많은 거대도시로 대도시권을 형성하고 있다. 아열대 기후, 야자나무, 수영장, 텔레비전 방송국, 항공우주산업체 등으로 대표되는 곳이기도 하다. 약 1,202km^{2}에 달하는 연안평야지대에 위치한 이 도시는 서쪽으로는 태평양에 면하고 동쪽으로는 샌가브리얼 산맥과 접하는 좋은 입지조건을 갖추고 있다. 정교하게 건설된 고속도로망이 눈에 띄며, 특별히 기동력이 필요한 이 지역에서 자동차는 생활의 필수품이다.

71/ 멕시코 유카탄 반도의 생태관광

김희순 박사 • 학부 '90학번 • 대학원 '96학번 • Nikon D80 • 2010년 10월 26일 촬영

생태관광은 그 개념이 유카탄 주의 관광지 개발과정에서 고안되었다고 알려져 있다. 생태관광은 지역의 생태 및 문화에는 최소한의 영향력을 미치면서 원주민들에게는 최대한의 경제적 이익을 주고자 하는데, 사진은 지하우물인 세노테에 입수하는 관광객들을 원주민들이 손으로 직접 내려주고 있는 모습이다.

72/ 멕시코 유카탄 반도의 세노테

김희순 박사 • 학부 '90학번 • 대학원 '96학번 • Nikon D80 • 2010년 10월 26일 촬영

'세노테(cenote)'란 유카탄에서 지하우물을 지칭하는 용어이다. 유카탄 반도와 카리브 해 지역은 석회암으로 이루어져 카르스트 지형이 발달하였는데, 세노테는 일종의 씽크홀이라 할 수 있으며 현재는 주요 관광자원으로 활용되고 있다. 세노테는 원주민 마을은 물론이고 아시엔다에서도 주요한 용수 공급원이었다. 사진의 세노테는 아시엔다에서 사용하던 것으로 깊이가 매우 깊어 지하동굴을 따라 설치된 계단을 통해 내려갈 수 있으며 지표의 물이 직접 아래로 떨어진다.

73/ 멕시코 북부 지역의 관개농업

김희순 박사 • 학부 '90학번 • 대학원 '96학번 • Nikon D80 • 2010년 11월 1일 촬영

멕시코의 북부 지역은 건조기후가 나타나 농업에 좋지 않은 조건이었으나 대소비지인 미국과의 접근성이 높은 편이므로 자본을 투자하여 관개시설을 갖추었다. 멕시코는 북부 지역에 대대적인 관개사업을 실시하여 미국수출용 농작물을 재배하고 있다. 사진은 여객기가 멕시코 누에보레온 주(Nuevo Leon) 남부, 시에라마드레오리엔탈 산맥(Sierra Madre Oriental) 상공을 지날 때 촬영한 것이다.

74/ 멕시코 유카탄 반도의 마야 기둥

김희순 박사 • 학부 '90학번 • 대학원 '96학번 • Nikon D80 • 2010년 10월 26일 촬영

건물을 떠받치고 있는 돌기둥은 마야 시대 유물이고, 그 위에 지어진 건물은 식민시대에 만들어진 것이다. 스페인 통치자들은 마야 시대의 건축물을 해체하여 그 건축 재료로 스페인 통치자들이 사용할 건물을 지었다. 사진은 멕시코 유카탄 주(Yucatán) 바야돌리드 시(Valladolid)에서 촬영한 것이다.

75/ 페루 나스카 문화의 중심지 나스카

남영우 교수 • Canon EOS Kiss • 2006년 2월 13일 촬영

나스카(Nazca)는 A.D. 600년부터 스페인군이 들어오기 전까지 나스카 문화를 꽃피웠던 중심도시이다. 나스카 문화는 기원전후부터 800년경까지 현재 페루공화국 해안지대에 위치한 나스카 일대에 번성했던 문화로 관개시설의 정비에 따라 개척이 가능해졌다. 이 지역은 건조지역이므로 하천 주변에서 수렵과 농업을 주된 생업으로 하였고 일부가 어업에 종사하였다. 초기에는 종교적 성격이 강했으나 후에 군사적 성격이 짙어졌다. 노예제도는 없었던 것으로 보이지만 사회계층은 엄격했던 것으로 추정된다. 주민들이 거주했던 주택은 등나무 골조에 흙을 발라 만든 '킨차(quincha)'라 불리는 집이었다. 나스카 시 부근에는 세계7대 불가사의로 꼽히는 거대한 지상그림이 유명한데, 이 그림은 1994년 유네스코 세계문화유산으로 등재되었다. 나스카 시는 해발 588m의 고원에 입지한 소도시로 이카 현의 현청소재지이며, 이카 현 인구 5만 5천 중 나스카 인구는 약 2만 5천에 달한다. 이 지역은 칠레 최대의 철광석이 매장되어 있기도 하다. 사진은 경비행기를 타고 촬영한 것이다.

76/ '잉카의 잃어버린 도시' 페루의 마추픽추

남영우 교수 • Canon EOS Kiss • 2006년 2월 15일 촬영

'늙은 봉우리'라는 의미의 케추아어에서 유래한 마추픽추(Machu Picchu)는 미국 예일 대학 고고학 교수였던 하이람 빙엄(Hiram Bingham)에 의해 1911년 발견된 것으로 알려져 있지만, 사실은 그보다 40여 년 앞선 시기에 독일의 모험가 베른스(Berns)에 의해 도굴당하였다. 그러므로 빙엄은 마추픽추를 재발견한 셈이 된다. 잉카 문명의 고대도시였던 이 도시는 수로를 중심으로 남쪽의 농업 지역과 북쪽의 도시 지역으로 나뉘어져 있고, 농업 지역은 고지대 농업 지역과 저지대 농업 지역으로 구분된다. 도시 지역은 중앙광장을 중심으로 동부와 서부 구역으로 분할하여 각종 시설이 배치되어 있다. 주변부의 농경지와 가옥규모로 볼 때 당시 마추픽추 중심부에만 적어도 200여 호의 주택에 1~2천 명에 달하는 인구가 살았고, 배후지라 할 수 있는 주변부를 합하면 약 1만 명에 달했을 것으로 추정된다. 약 400여 년간 세상에 알려지지 않은 채 잠들어 있던 마추픽추는 '공중도시' 혹은 '공중누각', 또는 '잉카의 잃어버린 도시'로 불리거나 '잉카의 보물'이라 일컬어지며, 유네스코 세계문화유산으로 등재되었다.

77/ '신神들의 도시' 멕시코의 테오티우아칸

남영우 교수 • Canon EOS Kiss • 2005년 1월 25일 촬영

메소아메리카 고대도시 중 가장 규모가 큰 테오티우아칸(Teotihuacan)은 멕시코시티에서 북동쪽으로 약 50km 떨어진 곳에 위치하였으며, 도시의 면적은 $8km^2$, 인구는 12만 5천~20만 명에 달한 것으로 추정된다. 총 600여 개에 달하는 신전과 피라미드가 우뚝 서 있는 위용은 당시 세계적으로 유례를 찾아볼 수 없을 정도였다. 특히 도시의 정면에 위치한 '달의 피라미드'와 시가지 동쪽에 있는 '태양의 피라미드'는 규모가 매우 웅장하다. 테오티우아칸은 구대륙의 영향을 받지 않고 독자적으로 발생한 고대도시였으며, 옥수수 재배와 집약적 관개농업으로 잉여식량을 확보하여 비교적 단기간에 신석기 단계의 기술로 도시문명을 꽃피울 수 있었다. 이 도시가 발달할 수 있었던 요인은 인접지역에 흑요석 원산지가 있었을 뿐 아니라 교역로상의 전략적 요충지에 위치하였고 종교를 매개로 하여 지배층의 권력이 강화되었기 때문이라고 추정된다. 특히 이른바 '테오(北)'의 개념을 도입한 방위 개념은 테오티우아칸 건설에 풍수원리가 적용되었음을 시사해 주고 있다. 이 유적지는 1987년에 유네스코 세계문화유산으로 등재되었다.

78/ 브라질의 아름다운 도시 리우데자네이루

남영우 교수 • Canon EOS Kiss • 2006년 2월 7일 촬영

리우데자네이루(Rio de Janeiro)라는 이름은 주(州)가 만들어지는 데 큰 영향을 끼친 리우데자네이루 시에서 유래했다. 이곳은 전체 면적 가운데 해안 석호와 내륙 호수 등이 960km²를 차지하며, 주도(州都)는 리우데자네이루 시이다. 리우데자네이루 시는 16세기 초부터 1834년까지 주의 정치적·경제적 중심지였고, 1835년 니테로이가 리우데자네이루 군(郡)의 군청소재지가 되었다. 브라질 공화국이 선포된 1889년 리우데자네이루 군은 주가 되었고 1890년 테레소폴리스가 주도로 정해졌다. 그러나 1902년 행정중심지는 다시 니테로이로 옮겨졌다. 1960년 브라질의 수도가 새로 건설된 브라질리아로 이전했을 때, 연방구(聯邦區)였던 영토는 과나바라 주로 신설되어 리우데자네이루 주 안에 고립된 채 남아 있게 되었다. 1975년 이 두 주는 합병되어 리우데자네이루 주로 재편되었고 리우데자네이루 시가 주의 수도로 지정되었다. 2016년 제31회 올림픽이 개최될 예정이다.

79/ 칠레의 수도 산티아고

남영우 교수 • Canon EOS Kiss • 2006년 2월 6일 촬영

마포초 강 연안에 입지한 페루의 수도 산티아고(Santiago)는 1541년 스페인의 정복자 페드로 데 발디비아가 해발 450~650m의 고원에 '산티아고델누에보엑스트레모'라는 이름으로 건설하였으며, 원주민인 피쿤체 인디언은 스페인 정착민들의 지배를 받았다. 원래의 도시는 마포초 강의 두 지류와 전망대로 쓰였던 동쪽의 산타루시아 산을 경계로 했었다. 스페인이 지배하던 동안 산티아고는 큰 발전을 이루지 못했다. 체커 판 모양의 도시 윤곽이 그대로 유지되다가 1800년대초 북쪽과 남쪽, 특히 서쪽으로 팽창하기 시작하였다. 독립전쟁(1810~1818) 때 결정적인 전투였던 마이푸 전투는 도시 경계선 외곽지대에서 일어나 산티아고는 피해를 조금밖에 입지 않았다. 1818년 칠레가 독립하면서 공화국 수도로 지정되었으며, 그 후 국가의 부가 이곳으로 집중되었다. 인구가 약 470만 명에 달하는 산티아고에는 산업이 국내 최대 규모로 밀집되어 있으며, 주요생산품은 식료품·섬유·신발·의복 등이고 야금업과 구리채굴업도 큰 비중을 차지한다. 주식거래소 한 군데와 보험회사, 수백 개의 지점을 갖춘 주요은행들이 있어 금융 부문도 활발하다. 문화생활면에서도 국제도시로서의 면모를 보여 준다. 여러 문화 영역에서 유럽과 북아메리카의 영향을 찾아볼 수 있으며, 특히 음악·연극·미술·문학 분야에서는 메스티소(Mestizo) 의 재능이 강하게 발휘되고 있다.

80/ 모로코의 이슬람 도시 페스 I

남영우 교수 • Canon EOS Kiss • 2009년 8월 7일 촬영

페스(Fez)는 지중해 지방과 서남아시아, 북아프리카 지방과 교역을 행하며 번창한 도시로 1981년 유네스코 세계문화유산으로 등재되었다. 모로코의 전통도시인 이곳은 1919년부터 프랑스의 보호령으로 귀속되면서 일종의 식민통치를 받게 됨에 따라 이른바 근대화라는 명분하에 외세에 의한 타율적 도시공간의 재편성을 경험하게 되었다. 페스는 식민지화되면서 도시의 위상이 급속하게 변화한 전형적인 이슬람 도시이다. 아랍어로 '파스', 영어로는 '페즈'로 불리기도 한다. 메디나라고도 불리는 구시가지를 필두로 신시가지와 성곽 바깥쪽의 성저 주거지로 구성되어 있다. 페스는 지중해로부터 내륙으로 약 140km, 아틀라스 산맥으로부터 북쪽으로 약 200km 분지에 입지해 있다.

유목민 베르베르인이 세운 무라비트 왕조는 1069년 페스를 정복하고 그 이듬해 마라케시를 건설하여 천도하였다. 군사·행정기능은 신수도인 마라케시로 옮기고, 페스는 상업도시로 번영할 것이라고 기대하였다. 초기에는 페스 천을 사이에 두고 양안에 성벽이 축조되었으나, 곧 분단된 부분은 파괴되고 전체를 포함하는 하나의 성곽도시로 거듭났다. 무라비트 왕조에 이어 무와히드 왕조 시대에는 주요 성문과 좌안에 정부청사와 카스바(casbah)가 건설되었다.

81/ 모로코의 이슬람 도시 페스 Ⅱ

곽온유 • 학부 '09학번 • Nikon D40 • 2011년 7월 30일 촬영

가장 오래되고 보존 상태가 좋은 중세 이슬람 도시로 꼽히는 페스는 모로코의 옛 수도이자 문화와 종교의 중심지이다. 9세기 초 이드리스(Idriss) 왕조의 이드리스 2세가 왕국의 수도로 삼았고, 메리니드(Merinides) 왕조 때인 13~14세기에 전성기를 맞았다. 이후 정치 중심지로서의 위상은 상실했지만, 종교, 문화, 학문 중심지로의 위상은 오늘날까지 이어지고 있다. 흙벽돌로 지은 성곽 안에 자리한 페스의 옛 시가지는 축조된 시대에 따라 각기 다른 분위기가 느껴지는 유적들과 조상 대대로 이어져 내려온 전통적인 생활 모습, 9,000여 개의 골목, 전통 산업인 세계 최대 규모의 가죽 공장 등 중세 모습을 그대로 간직해 1981년 유네스코 세계문화유산으로 지정되었다. 집집마다 설치된 위성안테나가 이채롭다.

82/ 모로코 페스의 염색공장

곽온유 • 학부 '09학번 • Nikon D40 • 2011년 7월 30일 촬영

천년의 역사를 가진 페스 가죽 염색공장에서는 세계적으로 유명한 모로코의 가죽을 생산하는 모습을 직접 볼 수 있다. 북부 아프리카와 남부 유럽을 연결한 무역의 중계도시로 발전한 페스는 수천 년 전부터 가죽을 생산해 왔다. 이곳에서 가죽을 제작하는 모든 공정은 수작업으로 이루어진다. 가죽들이 유일한 교통수단인 당나귀에 실려 오면, 털을 뽑고 비둘기 똥에 담가서 부드럽게 한 다음 무두질을 하여 염색과 가공공정을 거쳐 천연가죽으로 만든다. 이곳에 가면 악취가 코를 찌른다.

83/ 모로코의 아이트벤하두

곽온유 • 학부 '09학번 • Nikon D40 • 2011년 8월 7일 촬영

아이트벤하두(Ksar of Ait-Ben-Haddou)는 모로코 우아르자자테 주에 있는 요새 마을로 건조하고 황량한 암석사막 위에 하늘을 찌를 듯 견고하게 서 있는 거대한 성채의 형상을 하고 있다. 베르베르족의 주거지인 이 요새 도시는 11세기에 건설되었다. 건물은 모두 붉은 진흙으로 만들어져 붉은 빛을 띠며, 견고하지 못하기 때문에 주기적으로 복구공사를 해 주어야 한다. 1977년 무렵 관리를 소홀히 해서 마을이 무너지기 시작했으나, 관광자원으로서의 가치를 높이 평가한 모로코 정부가 복구공사를 진행해 오늘에 이르렀다. 이곳 아이트벤하두 요새 도시는 서부 모로코 건축의 전형적인 사례를 보여 주는 곳으로, 보존상태가 아주 좋아 1987년 유네스코 세계문화유산으로 등재되었다. 또한 밖에서 관망하든, 도시 안에서 밖을 보든 언제나 그림 같은 절경이 펼쳐져 관광객뿐 아니라 〈미이라〉, 〈글래디에이터〉, 〈알렉산더〉 등의 촬영지로 할리우드 영화감독들이 즐겨 찾고 있다.

84/ 모로코 이슬람의 라마단 식사

곽온유 • 학부 '09학번 • Nikon D40 • 2011년 8월 5일 촬영

라마단(Ramadan)은 아랍어로 '더운 달'을 뜻하는 말로 이슬람력의 9월을 가리킨다. 이슬람에서는 9월을 무함마드가 코란의 계시를 받은 신성한 달로 여기고, 이 한 달 동안 일출에서 일몰까지 매일 의무적으로 단식한다. 또한, 해가 떠 있는 동안에는 물도 마시지 않고, 술, 담배, 화장 등도 모두 중지한다. 그 대신 해진 다음 먹는 저녁상은 더욱 푸짐해져, 고기가 들어간 가정식 콩스프 하리라, 깨가 뿌려진 약과 슈베키아, 대추 야자 등이 라마단 음식으로 상에 올라온다.

85/ 보츠와나 마운의 양산을 쓴 학생들

김석용 • 학부 '83학번 • Nikon D200 • 2012년 1월 16일 촬영

오카방고 강 삼각주의 관문이며 거점도시인 마운(남위 20°)에서는 양산을 쓴 사람들을 많이 볼 수 있었다. 젊은 여성이나 중년 여성들은 물론이고 남자들이나 학생들도 양산을 쓰고 다닌다. 현지 택시기사들에게 여러 번 물어봤는데, 그들의 대답은 한결같이 햇빛차단을 위함이라는 것이었다. 아프리카에는 양산이 있을 수 없다는 나의 고정관념과 선입견이 깨져 버렸다. 아프리카 사람들도 작열하는 태양이 따갑게 느껴지기는 우리와 똑같다.

Photo Gallery

중국 시안 • 진시황 병마용

스페인 세고비아 • 수도교

아랍 에미리트 두바이 • 세이크자이드 로드

일본 나가사키 • 하우스텐보스

포르투갈 • 호카 곶

태국 방콕 • 암파와 수상시장

티베트 라싸 • 포탈라 궁

프랑스 파리 • 시테 섬

이탈리아 로마 • 콜로세움

체코 프라하 • 틴 성당

슬로베니아 포스토이나 • 프레드야마 성

오스트리아 빈 • 쿤스트하우스

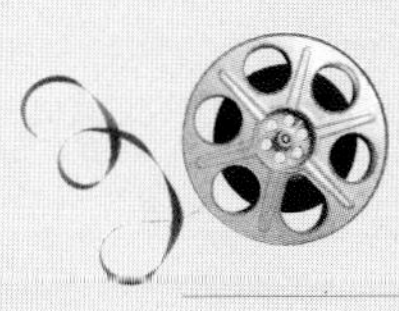

01/ 서울시 도봉구 도봉산 만장봉

왕 훈 • 학부 '05학번 • Nikon Coolpix S500 • 2007년 9월 29일 촬영

서울 북부의 북한산·도봉산·수락산·불암산 등은 중생대에 있었던 대보조산운동에 의해서 관입된 대보화강암에서 기원한다. 관입된 화강암은 오랜 시간에 걸쳐 풍화를 받았으며 풍화층이 제거된 후 산지가 드러나게 되었다. 깊은 지하에 묻혀 있던 화강암이 지표에 노출될 때 압력이 감소하면서 팽창하게 되고, 이로 인해 수평·수직의 절리가 발달한다. 이 절리를 따라 물이 침투하여 화학적 풍화가 일어나기도 하고, 물이 얼고 녹으면서 팽창과 수축을 반복하여 기계적 풍화에 의해서 쪼개지기도 하며 절리가 적은 부분은 돔의 형태로 남는다. 사진의 중앙 부분에 있는 것은 도봉산 만장봉으로 화강암 산지가 드러났다. 절리가 발달한 것을 볼 수 있으며, 상부 쪽에는 구상풍화가 진행되었던 흔적을 볼 수 있고, 상부의 절리가 하부의 절리보다 비교적 더 조밀하다.

만장봉은 서울특별시 도봉구와 경기도 의정부시 경계의 도봉산에 있는 봉우리로서 사진의 좌측 상단에 의정부 IC의 모습을 볼 수 있으며, 우상단에서는 도봉구와 노원구의 모습을 볼 수 있다. 노원구와 도봉구에는 서울 중심의 높은 지대를 감당하지 못하고 외곽에 모여 대규모의 아파트 단지가 형성되었다. 인구는 2011년 기준 약 97만 명으로 서울의 10%에 가까우며 많은 사람들이 이곳에서 도심으로 출퇴근한다. 지하철 1·4·6·7호선이 지난다.

02/ 서울시 북한산의 화강암 석산

한무일 • 학부 '90학번 • 대학원 '96학번 • Nikon D80 • 2008년 5월 촬영

서울시 도봉구 북한산의 인수봉에서 볼 수 있는 화강암 석산(石山)은 차별풍화에 의해 형성된 지형으로서, 땅속에서 심층풍화를 받은 핵석에서 주변의 풍화물질이 제거되고 남은 괴상(塊狀)의 화강암 덩어리를 말한다. 이러한 것을 '보른하르트(bornhardt)'라고도 한다.

03/ 영월 산간 지역의 기온역전

양재룡 • 호야지리박물관 관장, 교육대학원 졸업 • Kodak LS743 • 2004년 11월 7일 촬영

기온역전(temperature inversion)은 고도가 증가함에 따라 기온이 증가하는 현상을 말한다. 이는 고도에 따라 기온이 감소하는 대류권(지표면과 접해 있는 대기)에서의 정상적인 기온분포와는 반대이다. 역전층이 낮게 형성된 지역에서는 대류성 구름이 비를 내릴 만큼 충분히 높은 곳에서 형성될 수 없으며, 구름이 없어도 역전층 아래에서는 먼지와 연기 입자들이 축적되어 시정이 매우 감소한다. 또한 역전층의 기저(基底) 가까이 있는 공기는 냉각되어 안개가 자주 낀다.

04/ 영월의 돌리네

양재룡 • 호야지리박물관 관장, 교육대학원 졸업 • Nikon D200 • 2011년 9월 5일 촬영

돌리네(doline)는 용식함지(溶蝕陷地)라고도 하는데, 지하의 석회암 기반암이 지하수에 의해 용해되어 형성된 지형적 요지(凹地)를 가리킨다. 이는 카르스트 지형에서 매우 흔하고, 또한 가장 기본적인 구조이다. 돌리네의 넓이와 깊이는 매우 다양하며, 대규모인 것도 있다. 돌리네는 성인(成因)에 따라 2종류로 나누어지는데, 하나는 동굴 천장의 붕괴에 의해 형성된 것이며, 다른 하나는 토양 표토 아래서 암석의 점진적인 용해에 의해 형성된 것이다. 전자인 함몰돌리네(collapse doline)는 측면이 급경사를 이루며, 유수가 들어가 지하에서 흐르기도 한다. 후자인 용식돌리네(solution doline)는 대체로 함몰돌리네보다 얕고, 국부적인 유수만을 받아들인다. 바닥이 점토로 막히면 소규모의 호수가 형성되기도 한다.

05/ 영월의 요선암

양재룡 • 호야지리박물관 관장, 교육대학원 졸업 • Canon EOS 450D • 2011년 2월 4일 촬영

강원도 영월군 수주면 무릉리에 위치한 요선암은 조선시대 문인이었던 양사언이 이곳의 아름다움에 매료되어 선녀탕 위의 바위에 '요선암'이라는 글씨를 새겨 놓은 데서 유래된 명칭이다. 맑은 물과 마치 깎아 놓은 듯한 바위의 형상은 영월 10경 중 하나로 꼽힌다.

06/ 양구의 펀치볼

최지윤 • 학부 '11학번 • Apple iPhone 4 • 2011년 6월 5일 촬영

가칠봉 정상에서 양구군 해안면의 펀치볼을 촬영한 사진이다. 가칠봉은 금강산의 마지막 봉우리로 이 산이 들어가야 일만이천봉이 된다는 의미에서 '더할 가(加)'자를 써서 '가칠봉'이라 불릴 정도로 아름다운 산이지만, 6.25전쟁 당시에는 치열한 전투가 벌어진 현장이기도 했다. 해안면은 강원도 양구군 동북부에 위치하며 사방이 1,000m 내외의 산으로 둘러싸여 있고, 중앙부는 500m 내외의 평탄한 고원을 이루는 전형적인 분지 형태이다. 이들 산지에서 발원한 소하천들이 분지의 중앙부에서 합류하여 동쪽으로 흐른다. 이 지역은 6.25전쟁 당시 중앙이 움푹 파인 모양이 영어의 punch bowl과 같다고 하여 '펀치볼'이라 불리게 되었다.

07/ 고성 아야진의 파식대

이수용 • 대학원 '11학번 • Nikon D80 • 2011년 8월 11일 촬영

파식대(wave-cut platform)는 암석해안에서 해면 아래 혹은 해수면 위에 파식작용이 미치는 범위에 나타나는 침식면을 말한다. 최근에는 파식작용만이 아닌 풍화작용에 의해서도 형성된다는 주장이 있어 'shore platform'이라는 용어를 사용하기도 한다. 사진은 강원도 고성 아야진 해수욕장 인근에 발달한 파식대로, 서해안과 달리 바다방향으로 수평하게 발달하고 말단부에 수직으로 급하게 떨어지는 경관특성을 보인다.

08/ 고성의 송지호와 사주

이수용 • 대학원 '11학번 • Nikon D80 • 2011년 8월 11일 촬영

석호(lagoon)는 연안류의 작용으로 인해 형성되는 사주, 사취 등이 만의 입구를 막아 바다와 분리되어 형성된 호수를 말한다. 사진은 강원도 고성의 송지호와 송지호 입구를 막은 사주이다. 사진의 왼쪽 부분이 송지호이며, 사주 중간 부분에는 호수와 바다가 만나는 수로가 있다. 호수의 수위가 높아지거나, 파도가 높아 사주가 침식당하는 시기에 연결되기도 한다.

09/ 철원 · 평강 용암대지

한문희 박사 • 대학원 '03학번 • Canon EOS 300D • 2007년 7월 28일 촬영

철원군에는 북한의 오리산(압산, 鴨山)에서 분출된 용암이 추가령구조곡을 따라 흘러내려 형성된 철원 · 평강 용암대지가 넓게 자리하고 있으며, 평균고도가 300m 내외이다. 사진은 철원 · 평강 용암대지의 남쪽 지점으로, 남방한계선 철책의 왼쪽이 남한의 영토이고 오른쪽은 비무장지대에 해당한다. 이 일대는 과거 후고구려(태봉국)의 궁예가 도읍을 정했던 장소로 추정되는 곳이기도 하다. 철원의 한자인 '鐵原'은 '쇠벌'의 이두식 표기로 서울이라는 의미이다.

10/ 영월의 하안단구

한무일 • 학부 '90학번 • 대학원 '96학번 • Nikon D80 • 2011년 5월 촬영

강원도 영월군 문산리 금의(錦衣)마을에 위치한 하안단구는 하상(강바닥)의 높이가 현 하천의 하상에 비해 높은 하천 양안의 계단상 지형을 말한다. 즉 하천의 구유로(舊流路)에 해당된다. 일반적으로 하안단구에 입지한 취락은 홍수 시에도 영향을 받지 않으므로 이와 같은 곳은 수해가 나지 않기 때문에 주로 농경지와 취락으로 이용된다. 단구면 위에서는 둥근 자갈이 발견된다.

11/ 경북 예천군 회룡포의 곡류하천과 포인트 바

한무일 • 학부 '90학번 • 대학원 '96학번 • Nikon D80 • 2009년 10월 촬영
김동은 • 학부 '06학번 • 대학원 '12학번 • Canon 550D • 2012년 9월 29일 촬영

낙동강의 지류인 내성천의 활주사면(滑走斜面)에 형성된 포인트 바(point bar)로서 농경지와 취락으로 이용되고 있다. 회룡포는 낙동강으로 합류되는 물길인 내성천이 마을을 휘감아 만든 육지 속의 섬이다. 이곳은 영월의 청령포와 함께 우리나라의 대표적인 감입곡류하천으로 유명한 곳이다. 유수가 빠른 속도로 흐르면서 부딪히는 하안에서는 침식작용이 우세하게 되어 급사면이 형성되고, 그 맞은편에는 유속이 느려지면서 퇴적작용이 우세하여 모래나 자갈이 퇴적된다. 이때 전자를 공격사면, 후자를 활주사면 또는 포인트 바라고 한다. 산지가 많은 우리나라에서 평탄한 포인트 바 지역은 취락입지에 매우 유리한 조건을 갖추고 있다. 회룡포 역시 사진에서 볼 수 있듯이 포인트 바를 농경지로 활용하고 있다. 회룡포에서 육지로 이어지는 길목은 폭이 80m에 수면에서 15m 정도 높이로 비가 많이 와서 물이 넘치면 진짜 육지 속의 섬이 되어 오갈 수가 없었다고 한다. 이곳은 드라마 〈가을동화〉의 촬영지로 준서와 은서가 어린 시절을 보내던 곳으로 잘 알려져 있다.

12/ 순천의 순천만 습지

한무일 • 학부 '90학번 • 대학원 '96학번 • Nikon D80 • 2008년 5월 촬영

전남 순천에 있는 순천만 자연생태공원의 염생습지는 세계 5대 습지 중 하나로, 생태환경의 보고로 명성을 떨치고 있다. 염생습지 사이에 분포하는 갯골(tidal channel)에는 유람선이 운행된다.

13/ 양남의 부채꼴 형태의 주상절리

박가희 • 학부 '11학번 • Pentax K-r • 2011년 8월 24일 촬영

주상절리란 현무암질 용암류와 같은 분출암이나 관입암에 발달하는 기둥 모양의 평행한 절리를 뜻한다. 천연기념물 제 536호로 지정된 경주 양남 주상절리군에는 마그마가 다양한 방향으로 냉각이 진행되면서 생성된 부채꼴 모양의 주상절리(柱狀節理)를 비롯한 수평 방향의 대규모 주상절리가 형성되어 있다. 특히 기존에 천연기념물로 지정된 수직 기둥 형태의 주상절리들과는 달리 발달 규모와 크기, 형태의 다양성 등에서 뚜렷한 차별성을 가지고 있어 지형학적으로 큰 가치가 있는 것으로 평가받고 있다. 또 화산암의 냉각과정과 특성을 복합적으로 이해하고, 동해의 형성과정을 이해하는 데도 유용한 연구 자료로 활용되고 있다. 문화재청은 경주 양남 주상절리군과 포천 한탄강 현무암 협곡과 비둘기낭 폭포를 국가지정문화재 천연기념물로 지정한 바 있다.

14/ 제주도 성산 일출봉의 호마테

한무일 • 학부 '90학번 • 대학원 '96학번 • Nikon D80 • 2008년 12월 촬영

제주도 서귀포시 성산읍 성산 일출봉의 '호마테(homate)'는 해발고도보다 분화구의 지름이 더 긴 화산체로서 수중 폭발에 의해 형성되었다. 성산 일출봉은 육계사주와 연결되는 육계도에 해당된다.

15/ 제주도 우도의 홍조단괴 해빈

한무일 • 학부 '90학번 • 대학원 '96학번 • Nikon D80 • 2008년 12월 촬영

제주도 제주시 우도에 있는 홍조류로 이루어진 홍조단괴(紅藻團塊) 해빈은 검은색의 현무암 기반암 위에 흰색 퇴적물이 쌓여 있어 상당히 이국적인 경관을 보이고 있다. 이곳 해빈 경관은 천연기념물 438호로 지정되었다.

16/ 제주도의 주상절리

최낙훈 • 학부 '12학번 • Samsung SHV-E160L • 2012년 8월 23일 촬영

단면의 형태가 육각형 내지 삼각형으로 긴 기둥 모양을 이루고 있는 절리를 말하는데, 화산암 암맥이나 용암, 용결응회암 등에서 생긴다. 제주도 해안에는 기둥 모양의 주상절리가 절벽을 이루고 있으며, 정방폭포와 천지연폭포가 이런 지형에 형성된 폭포이다. 절리는 암석의 틈새기나 파단면(破斷面)으로서 일그러짐(변위)이 없거나 또는 거의 일그러짐이 인정되지 않는 것을 말하며, 면(面)에 평행한 일그러짐이 있는 것을 단층(斷層)이라고 한다. 화강암이나 두꺼운 괴상사암(塊狀砂岩) 등과 같은 균질의 암석의 경우에는 일그러짐을 인정할 실마리가 없기 때문에 절리와 구별하기가 어렵다. 절리에는 쪼개지는 방향에 따라서 판상(板狀)절리와 주상절리가 있다.

17/ 제주도의 해안광경

최혁준 • 학부 '08학번 • Samsung NV3 • 2010년 12월 28일 촬영

제주도는 우리나라에서 화산암이 가장 넓게 분포하고 있는 지역이며, 분포하는 화산암은 현무암류와 조면암류으로 구분할 수 있다. 특히 해안에 현무암이 다량분포하는 것을 볼 수 있는데 사진은 제주도 현무암 해안의 모습이다. 제주도 동부와 서부 지역에 넓게 분포하는 현무암류는 침상의 사장석 반정과 미립질의 감람석 반정을 함유하고 있는 반면, 제주와 서귀포시 지역에 분포하는 현무암류에는 반상의 사장석과 휘석 반정이 다량 함유되어 있다.

18/ 천지연 폭포 주변에 있는 주상절리

최혁준 • 학부 '08학번 • Samsung NV3 • 2010년 12월 30일 촬영

제주도 해안에는 기둥 모양의 주상절리가 절벽을 이루고 있으며, 유명한 정방폭포와 천지연폭포는 이러한 지형에 형성된 폭포이다. 폭포 옆에 있는 절리에는 뛰어난 경치로 인해 관광객들이 항상 붐빈다.

19/ 천지연 폭포

최혁준 • 학부 '08학번 • Samsung NV3 • 2010년 12월 30일 촬영

길이 22m, 너비 12m(물이 많을 때), 못의 깊이 20m. 조면질(粗面質) 안산암으로 이루어진 기암 절벽에서 세찬 옥수가 떨어지는 경승지이다. 폭포 일대는 뛰어난 경관으로 손꼽히는 곳인데, 이 계곡은 아열대성·난대성의 각종 상록수와 양치식물 등이 울창한 숲을 이룬다. 특히 이곳에 자생하는 아열대성 상록수인 담팔수(膽八樹) 몇 그루는, 이곳이 담팔수의 북한계지에 해당된다는 점에서 희귀하게 여겨져 천연기념물 제163호로 지정되어 있고, 그 밖에도 가시딸기·송엽란(松葉蘭) 같은 희귀식물들이 분포하고 있어 계곡 전체가 천연기념물 제379호로 보호되고 있다. 폭포 아래 물속 깊은 곳에는 열대어의 일종인 무태장어가 서식하는 것으로 알려져 있는데, '제주도 무태장어 서식지'라는 명칭으로 천연기념물 제27호로 지정되어 있다.

Photo Gallery

서울 • 도봉산 만장봉

제주도 • 대포 주상절리

고성 • 아야진 해수욕장

제주도 • 천지연 폭포

서울 • 북한산 인수봉

영월 • 돌리네

영월 • 하안단구

순천 • 순천만 자연생태공원

양구 • 가칠봉 펀치볼

양남 • 주상절리군

제주도 • 현무암 해안

철원 • 철원·평강 용암대지

20/ 중국의 무즈타가타 빙하와 모레인

성영배 교수 • Olympus C3100Z • 2003년 8월 18일 촬영

중국 서부 무즈타가타(Muztagata) 빙하와 모레인 경관이다. 파미르(Pamir) 고원의 동쪽에 있는 카라코룸 산맥의 북쪽에 위치한 무즈타가타 산은 해발고도 7,682m로서, 카라코룸 하이웨이 인근에 위치하여 비교적 접근성이 좋다. 빙하 아래로 높이가 다른 3개의 언덕이 보이는데, 이들은 약 1만 년 전부터 현재까지의 지질시대인 홀로세(Holocene)의 갑자기 추웠던 시기(Younger Dryas, 8200BP, 소빙기)에 빙하가 전진해서 형성시킨, 모두 시기가 다른 모레인(moraine)들이다. 이러한 빙하의 전진 기록을 통해 과거의 기후 변화를 복원할 수 있다.

21/ 티베트 하늘의 호수 나무취

조문현 • 학부 '97학번 • Sony DSC-W300 • 2006년 8월 7일 촬영

나무취(纳木错)는 중국어로 '나이무추'라 부른다. 이 호수는 해발 4,718m로 세계에서 가장 높은 곳에 위치한 염호이다. 라싸에서 북쪽 190km에 위치하고 있으며 면적은 1,920km^2, 수심은 33m, 그 크기는 동서로 70km, 남북으로 30km로 매우 크다. 니엔칭탕쿨 산의 설원이 녹으면서 형성되었으며, 암드록쵸, 마나사로바 호수와 함께 티베트의 3대 호수이다. 티베트어로 '하늘의 호수'라는 뜻이며, 티베트인들에게 성스러운 곳으로 인식되어 호수 안의 물고기를 잡거나 배를 띄우지 않는다. 이곳에 오면 진정한 블루(blue)가 무엇인지를 경험하게 되는 곳으로, 하늘과 산과 호수가 서로 분간이 안 될 정도로 푸르다. 하늘이 정말 아름다운 곳이다.

22/ 지구의 지붕 티베트 고원

조문현 • 학부 '97학번 • Sony DSC-W300 • 2006년 8월 5일 촬영

2006년 중국 쓰촨성(四川省) 성도에서 시짱(티베트) 자치구로 가는 비행기 탑승 중에 촬영한 사진이다. '지구의 지붕'이라 불리는 지구상 가장 높은 고원이다. 만년설로 뒤덮여 사람의 발길을 찾아볼 수 없는 자연의 거대함에 겸허해지는 곳이다. 티베트 탐방 시 가장 먼저 만나게 된 장면으로, 평균 해발고도 4,500m의 만년설과 곡빙하, 골짜기, 빙식호, 염호 등의 자연 지형을 볼 수 있다.

23/ 농사를 가능하게 하는 톈산 산맥

남영우 교수 • Canon EOS Kiss • 2011년 7월 10일 촬영

중국의 톈산 산맥(天山山脈)은 중국 서부의 가장자리에 있다. 산맥과 산맥 사이에 있는 계곡과 분지는 대체로 동서방향으로 약 3,000km에 걸쳐 뻗어 있다. 너비는 중앙에서 354km이며, 동쪽과 서쪽 끝에서는 약 480km로 일정하지 않다. 톈산 산계를 흐르는 많은 큰 강들은 빙하가 녹은 물로 이루어지는데, 유량은 늦은 봄과 여름에 최고로 올라간다. 강들은 중앙아시아의 주요 내륙저지대로 빠지며, 그 저지대 중에는 아잘 분지와 타림 분지도 있다. 톈산 산맥 지역은 강한 대륙성기후로, 여름과 겨울의 기온이 매우 극단적인 것이 특징이다. 강수량의 대부분은 바람이 불어오는 방향인 서쪽과 북서 경사면의 해발 2,300~2,800m 지대에 내린다.

24/ 중국 신장자치구의 카라쿨 호수

이진웅 • 학부 '00학번 • Canon EOS 40D • 2010년 8월 6일 촬영

카라쿨 호(Karakul lake)의 고도는 해발 3,600m에 달하며, 파미르 고원의 호수 중 가장 높은 빙하호(氷河湖)이다. 이 호수는 무즈타가타 산(7,545m), 콩구르타그 산(7,649m)과 콩구르튜베 산(7,530m)과 같이 3개의 높은 산으로 둘러싸여 있으며, 이 산들의 꼭대기는 일 년 내내 만년설로 덮여 있다. 카라쿨 호의 물은 검푸른색에서부터 하늘색에 이르는 다양한 색깔을 띠고 있어 더없이 아름답다. 카라쿨 호수는 중국 신장자치구의 카슈가르(카스)에서 약 200km 정도 떨어진 곳에 위치하며, 카슈가르에서 타슈쿠르간으로 가는 카라코룸 고속도로를 이용하면 갈 수 있다. 사진 속에서는 저 멀리 산 정상에 있는 만년설과 계곡으로 흘러내리고 있는 곡빙하의 모습을 관찰할 수 있으며, 게르 뒤쪽에는 다양한 크기의 암설이 뒤섞여 있는 종퇴석이 분포하고 있다.

25/ 중국 구이린의 카르스트 지형

양희두 • 학부 '06학번 • Nikon D700 • 2012년 7월 7일 촬영

중국 광시좡족자치구 구이린(桂林)에서 양숴(楊朔)로 가는 리 강(漓江)의 유람선상에서 촬영한 카르스트 지형이다. 이전에는 바다였으나, 지각 변동으로 인해 육지가 된 후 지상으로 나온 석회암이 침식 작용을 거치며 형성된 카르스트 지형의 대표적인 지역이다. 카르스트 지형은 석회암이나 백운암이 빗물이나 지하수의 침식을 받아서 형성된 독특한 지형이다. 해저가 지형적으로 돌출하여 지금과 같은 기암괴석이 만들어졌으며, 총 면적은 2,000km^2 정도에 달한다.

26/ 불모의 땅 인도 라다크의 유상구조토

이 얼 • 학부 '08학번 • Samsung VLUU WB650 • 2011년 8월 18일 촬영

라다크(Ladakh)는 인도 대륙의 북동부, 히말라야 산맥을 타고 앉은 남한만한 크기의 땅이다. 연중 겨울이 8개월일 정도로 척박한 그곳이 '작은 티베트'라 불리며 세상에 알려진 것은 1970년대로, 사막 한가운데 오아시스처럼 존재하는 중심도시 레(Leh)는 세계인을 매혹시키고 있다. 2011년 8월, 지리 답사의 일환으로 라다크를 찾았다. 수천 미터 높이의 고개를 수차례 넘고, 차가운 바닥에서 캠핑하기를 여러 차례. 건조한 사막 지역이 지루할 때쯤 신기한 푸른 초원을 발견했다. 독특한 광경에 이끌려 가까이 다가가니 썩은 달걀 냄새가 코를 자극했다. 초원 한가운데 있는 유황 온천이 독한 냄새를 뿜어내고 있었던 것이다. 이런 지형을 지리학에서는 유상구조토(earth hummock)라 부른다. 흔히 구조토는 빙하 지형의 하나로 알려져 있다. 빙하 주변의 기후환경에서 토양 속의 물은 동결과 융해를 반복한다. 그 과정에서 토양입자들이 차별적으로 분급작용을 하면서 다각형 토양을 만드는데 이를 구조토라 한다. 특히 매우 미세한 입자로 구성된 토양은 분급작용을 거의 하지 않아 식물과 수분을 붙잡고 연속적인 군집 형태의 지형을 만들게 된다. 그 모양이 혹처럼 생겼다 하여 유상(瘤狀, 혹 모양)구조토라 부른다. 라다크 지방처럼 기온차가 매우 크고 건조한 고위도 사막 지역의 물이 공급되는 토양층에서 흔히 발견된다. 우리나라에는 한라산 주변에서 발견된 바가 있으며 지리산 세석평전 일대에서는 화석 형태로 발견되기도 했다.

라다크에서 만난 유상구조토 옆에서 캠핑을 했다. 해발고도 3500m가 넘는 곳이라 낮은 한여름처럼 볕이 따갑지만, 해가 지면 곧 기온이 내려간다. 유상구조토가 발달한 토층은 배수가 양호하지 못하다. 그래서 습지가 잘 발달된다. 당연히 온천 주변은 허벅지 이상 빠지는 진흙이 도사리고 있었다. 때론 지리학적 지식이 오지를 여행하는 사람에게 필요하다는 교훈을 얻은 순간이었다. 물론 이 온천은 주민들의 좋은 수입원이다. 유황(sulfur)뿐 아니라 석류석(garnet)이 많아 돈벌이가 된다. 온천 주변에 노천광산이 발달한 것은 그러한 이유 때문이다.

27/ 팔레스타인자치구의 와디

강수정 • 학부 '00학번 • 대학원 '04학번 • Olympus E-P3 • 2012년 6월 16일 촬영

'와디(wadi)'란 아랍어로 '하곡(河谷)'이라는 뜻이다. 사하라 사막에서 비가 내릴 때만 흐르는 골짜기를 와디라 부르는데, 아라비아의 건조지역에 있는 간헐하천이다. 보통 평상시에는 마른 골짜기를 이루어 교통로로 이용되나, 호우가 내리면 홍수 같은 유수(流水)가 생긴다. 평지의 경우 습윤지역에서는 물이 항상 흐르기 때문에 물길이 좁고 깊게 형성되지만, 사막에서는 물이 가끔 흐르기 때문에 물길이 얕고 넓게 유지되므로 윤곽 자체가 뚜렷하지 않다. 그러나 기복이 심한 이곳은 상황이 달라 물길이 유지되고 있다. 사진은 이스라엘 북동쪽에 위치한 팔레스타인자치구 '모세의 계곡(Wadi Musa)'에서 촬영하였으며 성경에 나오는 모세가 방황했던 광야라고 전해진다.

28/ 터키의 석회암지대 파묵칼레

곽온유 • 학부 '09학번 • Nikon D40 • 2012년 10월 5일 촬영

터키 남서부 데니즐리에 위치한 파묵칼레(Pamukkale)는 터키어로 목화를 뜻하는 '파묵(Pamuk)'과 성을 뜻하는 '칼레(Kale)'가 합쳐진 말로 목화성(木花城)이라는 의미를 가지고 있다. 목화솜처럼 하얀 석회 성분이 온 산을 뒤덮어 독특한 자연경관을 자랑하며, 1988년에는 유네스코 세계문화유산으로 등재되었다. 석회 성분을 함유한 온천수가 솟아 암반을 타고 흐르면서 오랜 세월 침전되고 응고되는 과정을 거쳐 석회봉이 되었고, 이 석회봉은 아직도 매년 1mm씩 커지고 있다고 한다. 특이한 경관과 함께 온천수를 즐기기 위해 수많은 관광객들이 파묵칼레를 찾고 있다.

29/ 터키의 카파도키아

곽은유 • 학부 '09학번 • Nikon D40 • 2012년 10월 4일 촬영

카파도키아(Cappadocia)는 실크로드의 중간거점이며, 동서문명의 융합을 도모했던 대상(隊商)들의 교역로로 크게 융성했던 곳이다. 약 3백만 년 전의 화산 폭발과 대규모 지진활동으로 잿빛 응회암(凝灰巖)이 뒤덮고 있으며, 그 후 오랜 풍화작용을 거친 기암괴석이 끝없이 펼쳐져 있어서 많은 관광객이 찾는다. 1985년에는 유네스코 세계문화유산으로 지정되었다. 사진은 새벽 시간에 신비로운 대자연을 위에서 보기를 원하는 관광객들이 열기구를 타고 하늘에 떠 있는 모습이다.

30/ 노르웨이의 뤼세피오르와 제단 바위

구자원 • 학부 '04학번 • Canon EOS 550D • 2012년 5월 29일 촬영

사진은 노르웨이 남서쪽에 위치한 해안도시 스타방에르(Stavanger) 지역의 뤼세피오르(Lyse Fjord)이다. 피오르는 '내륙 깊이 들어온 만(灣)'이라는 뜻의 지닌 노르웨이어로, 빙하의 침식작용에 의해 형성된 U자곡에 해수면이 상승하면서 바닷물이 들어와 생긴 폭이 좁고 길며 수심이 깊은 만을 일컫는다. 뤼세피오르는 송네(Songne), 게이랑게르(Geiranger), 하당게르(Hardanger)와 더불어 노르웨이 4대 피오르 중 하나이다. 길이는 42km로써 160km의 세계 최장 피오르인 송네피오르에 비하면 그 길이는 짧지만, 정상인 프레이케스톨렌(Preikestolen)에서 내려다보는 경관은 노르웨이의 피오르 중 가장 아름답다고 알려져 있다. 빙하의 침식작용에 의해 골짜기 양쪽의 산각들이 잘려 나가면서 가파른 절벽들이 곳곳에 나타나는데, 뤼세피오르에서는 가로 30m, 세로 30m, 높이 604m 제단 바위(Pulpit Rock)가 대표적이다.

31/ 노르웨이의 송네피오르

곽온유 • 학부 '09학번 • Nikon D5000 • 2012년 7월 25일 촬영

피오르는 빙하로 침식되어 만들어진 계곡에 바닷물이 유입되어 형성된 것으로 수심이 깊어서 협만(峽灣)이라고도 불린다. 특히 노르웨이의 피오르는 유네스코가 지정한 세계문화유산, 세계 7대 자연경관으로 선정될 정도로 빼어난 아름다움을 자랑한다. 그중에서도 베르겐(Bergen)에서 뫼르달(Myrdal)을 거쳐 수도인 오슬로(Oslo)까지 이어지는 송네피오르(Songne fjord)는 세계에서 가장 길고 깊은 협만 구간이다.

32/ 영국 브라이턴의 세븐시스터즈 절벽해안

윤정욱 • 학부 '08학번 • Samsung PL150 • 2011년 10월 30일 촬영

브라이턴에 위치한 세븐시스터즈(Seven Sisters)는 영국의 서부 해안에 있는 웅장한 백악질의 절벽으로 1억 3천만~6천만 년 전에 작은 해조류와 조개껍데기의 석회질이 해저에 백악질의 산을 이루었다고 한다. 능선이 영국 해협과 만나는 곳에 해안을 따라 길게 펼쳐진 것이 세븐시스터즈이다. 아득한 옛날 강줄기가 백악질 능선을 따라 흘러 만든 웅장한 세븐시스터즈 절벽 중에서 가장 높은 헤이븐브라우는 무려 77m에 달하며, 그 옆으로 쇼트브라우를 비롯하여 러프브라우, 프래그스태프 포인트, 베일리스브라우 등 총 7개의 언덕이 펼쳐져 있으므로 세븐시스터즈라 불린다.

33/ 그리스 산토리니의 화산 지형

나유진 • 학부 '04학번 • 대학원 '11학번 • Nikon F90X • 2008년 8월 4일 촬영

산토리니는 에게 해(Aegean Sea)에 위치한 화산섬으로 테라(Thera)라고도 부른다. 산토리니 화산은 기원전 1500년경에 폭발하면서 8×11km의 칼데라를 남겼다. 바다로부터 운반된 부석 퇴적물이 아나피(Anaphi) 섬 가까이의 해수면으로부터 250m 높이에서 나타나는 것과, 특이한 심해 퇴적물이 동부 지중해의 대부분을 가로질러 수십 미터 두께로 형성되어 있는 것을 통해 당시의 분출을 확인해 볼 수 있다.

산토리니의 가장 유명한 장소인 이아마을은 화산 폭발로 인해 형성된 칼데라 절벽의 북쪽 부분에 자리 잡고 있다. 초승달 모양의 칼데라 지형과 그 안의 분화구 및 온천은 관광객들에게 제공되는 화산섬 투어의 핵심이다. 지금은 바닷물로 차 있는 칼데라 안에는 두 개의 작은 화산이 드러나 있는데, 사진에 나타나 있는 것은 네아카메니(Nea Kameni) 화산이다. 이 화산의 꼭대기에 오르면 분화구와 함께 깎아지른 칼데라의 절벽 위에 위치한 이아마을이 선명하게 보인다.

34/ 그리스 산토리니의 레드비치

나유진 • 학부 '04학번 • 대학원 '11학번 • Nikon F90X • 2008년 8월 4일 촬영

산토리니는 그리스령인 키클라데스 제도 남쪽 끝에 있는 섬으로 에게 해에 위치하고 있다. 이 섬은 깎아지른 절벽 위에 자리 잡고 있는 하얀 벽들과 파란 지붕으로 이루어진 이아마을 특유의 주택들로 유명하다. 더불어 산토리니가 기원전 1500년경의 화산 분출로 인해 현재와 같은 모습을 형성했기 때문에 화산 폭발과 함께 만들어진 산토리니의 지형들도 관광지로 인기가 있다. 그중에서도 산토리니의 해변들은 이 섬을 방문하는 관광객들이 빼놓지 않고 찾는 장소들이다. 레드비치, 블랙비치, 화이트비치 등 이름에서도 알 수 있듯이 해변들이 저마다의 상징적인 색을 가지고 있다. 이는 산토리니가 화산 활동에 의해 형성된 지형이기 때문에 가능한 것이다. 산토리니의 남쪽 끝에 있는 '레드비치'는 푸른 바다와 강렬한 대비를 이루는 붉은 색의 거대한 절벽이 인상적이다. 화산 분출로 형성된 붉은 색의 화산암벽에서 기인한 레드비치의 자갈들과 모래들 역시 검붉은색을 띠고 있으며, 성분은 화산재로 이루어져 있다. 해변으로 내려가는 길은 오래전에 무너져 내린 돌무더기를 지나야만 갈 수 있고, 해안가는 수심이 얕아 수영하기 더없이 좋다. 미국의 유명 인터넷 뉴스 매체인 허핑턴 포스트에서 깨끗함과 조용함을 기준으로 뽑은 전 세계의 해변 10곳 중에 하나로 선정되기도 하였다.

35/ 스위스의 융프라우요흐의 곡빙하

곽온유 · 학부 '09학번 · Nikon D5000 · 2012년 8월 10일 촬영

높이가 3,454m에 달해 '유럽의 지붕'이라 불리는 융프라우는 눈 덮인 산봉우리와 아름다운 설경으로 잘 알려져 있다. 융프라우요흐(Jungfraujoch)는 처녀를 뜻하는 '융프라우(Jungfrau)'와 '산마루가 움푹 들어간 곳'을 뜻하는 독일어 '요흐(Joch)'가 합쳐진 말로, 그만큼 일반인들은 닿기 힘들었기에 이런 이름이 붙여졌다고 한다. 하지만 1912년 융프라우요흐 철도가 개통되면서 융프라우요흐는 알프스 최고의 관광지가 될 수 있었고 올해로 융프라우요흐 철도 개통 100주년이라는 경사를 맞이하였다. 사진은 융프라우요흐의 스핑크스 전망대에서 바라본 융프라우요흐의 곡빙하이다.

36/ 여름철 관광지가 된 스위스 중부의 인터라켄

김지은 • 학부 '10학번 • Samsung NX1000 • 2012년 10월 2일 촬영

인터라켄은 스위스 중부 지방의 베른 주에 있는 소도시이며 아레 강을 따라 베른 고지에 위치해 있다. 이 도시의 동쪽으로 브리엔츠 호와 서쪽으로 툰 호가 있다. '인터라켄'이라는 도시명은 해발 568m의 평평한 평야에 위치한 데서 유래되었다. 도시는 아우구스티누스 수도회의 한 수녀원을 둘러싸고 발달하였다. 스위스에서 가장 오래되었으며, 많은 사람들이 찾는 여름 관광휴양지로, 주요 대로(大路)인 회에베크에는 호텔들이 줄지어 있다. 남쪽으로 융프라우 봉(4,158m)의 멋진 경치가 내려다보이며, 알프스 유람 여행을 위한 출발점이 되기도 한다. 이 일대에서 제조되는 직물과 시계는 매우 유명하다.

37/ 스위스 알프스의 이모저모

신유진 • 학부 '11학번 • Samsung Galaxy 3 • 2012년 7월 14일 촬영

독일의 지리학자 펭크(A. Penck)는 20세기 초에 알프스 산지의 종퇴석(end moraine)에 대한 연구를 통해서 동일한 규모의 빙기가 네 번 있었음을 확인하고, 이들 빙기를 연대가 오랜 것부터 귄츠(Gunz), 민델(Mindel), 리스(Riss), 뷔름(Wurm)이라고 명명하였다. 지역에 따라서는 빙기의 명칭이 다르게 붙여졌으나 내용은 모두 알프스 산지의 그것과 대비되도록 짜여졌다. 알프스 대산맥은 신생대에 들어와 형성된 신기습곡산맥으로 지금도 지각변동을 활발하게 겪고 있다. 사진은 스위스 인터라켄 융프라우로 올라가는 도중의 그린델발트 일대와 융프라우 정상에서 촬영한 것이다.

38/ 오스트레일리아 프레이저 아일랜드의 사구

정소담 • 학부 '10학번 • Sony DSC-T50 • 2010년 8월 17일 촬영

오스트레일리아의 프레이저 섬(Fraser Island)은 브리즈번에서 북쪽으로 약 다섯 시간 정도 떨어진 곳에 위치한 세계에서 가장 큰 모래섬으로, 해안 사구 지역의 스케일 또한 세계 최대 규모이다. '프레이저'라는 이름은 1836년 섬 북쪽에 난파된 배의 선장의 아내 엘리자 프레이저(Eliza Fraser)의 이름을 딴 것이다. 난파선에서 살아남은 사람들은 이 섬에서 두 달간 머물면서 구조를 기다렸다고 한다. 120km가 넘는 길이와 30km 남짓의 폭을 가진 섬은 80만 년간 고유의 독특한 자연환경을 형성해 왔다. 세계에서 가장 큰 모래사장이라는 명성과 더불어 모래 위에 열대 우림이 형성되어 있는 유일무이한 곳이기도 하다. 이 섬은 좁은 수로를 기준으로 아열대 기후인 본토와 깊고 푸른 사구호(砂丘湖)를 여럿 머금은 거대한 모래톱으로 나뉜다. 사구호들의 해발고도는 213m에 달하며, 전 세계 사구호의 반이 이곳에 있다고 한다. 빙하기에 거센 바람이 뉴사우스웨일스 주의 북쪽에서 엄청난 양의 모래를 실어와 퀸즐랜드 주 해안에 쌓아 올려 형성되었다. 이곳은 원래 애버리진의 삶의 터전이었지만, 아름다운 모래섬에서 여가를 즐기려는 사람들이 늘어나면서 1970년대 프레이저 섬은 환경보호주의자와 섬 개발자 사이에 분쟁이 일어났었다. 그러나 다행히도 환경보호주의자들의 주장이 받아들여져서 지금까지도 아름답고 깨끗한 자연환경을 유지하면서 유네스코 세계문화유산이자 최고의 관광지로 손꼽히는 곳이다.

39/ 오스트레일리아의 킹스캐니언

최경진 • 학부 '08학번 • PENTAX K–x • 2011년 12월 20일 촬영

킹스캐니언(Kings Canyon)은 와타르카 국립공원(Watarrka National Park)의 일부로 오스트레일리아 북쪽에 위치하고 있다. 대략 100m 이상의 높이를 자랑하고, 아래쪽에는 많은 협곡이 있다. 깎아지른 듯한 절벽을 오르려면 오전이 제격이다. 오스트레일리아의 노던준 주(Northern Territory)는 여름 기온이 섭씨 40도를 육박하여, 11시부터 3시까지의 등반은 허용되지 않기 때문이다. 킹스캐니언은 가파른 절벽과 사암으로 이루어진 돔같이 생긴 지형으로 유명하다.

40/ 2억 년의 시간 여행이 가능한 미국 유타 주의 스노캐니언

이 얼 • 학부 '08학번 • FUJIFILM FinePix F100fd • 2011년 2월 7일 촬영

화강암이 가득한 한반도에서 사막 혹은 사암(沙巖)을 떠올리기란 쉽지 않다. 하지만 미국 유타 주에서는 그런 풍경을 쉽게 만난다. 2억 년 전의 지구로 시간 여행도 가능하다. 유타 주의 주된 풍경은 붉다. 대부분이 나바호 사구(Navajo Sand Stone)로 구성되었기 때문이다. 이 암석은 붉은색, 노란색, 흰색을 띤다. 강렬한 붉은색일수록 오랜 사연을 품었다. 약 2억 년 전 바람은 모래입자를 북아메리카 곳곳으로 운반했다. 캐나다를 넘어 와이오밍, 아이다호, 콜로라도, 애리조나, 뉴멕시코 일대까지 점령한 나바호 사구는 유타까지 이른다. 1억 8천 3백만 년 전의 일이다. 사진 속 지형은 유타 주 스노캐니언(Snow Canyon) 인근이다. 나바호 사구의 붉은 빛 속에 회백색 페인트를 칠한 듯한 언덕들이 이채롭다. 스노캐니언의 광활한 퇴적암 지형은 바람으로 형성된 사구가 암석화된 것이다. 하지만 경도는 약해 손톱으로도 긁을 수 있다. 암석은 부서지고 갈라지며 풍화되어 작은 둥근 언덕(Hummocks)이 반복되는 독특한 지형(사진 속 모습)을 만들었다. 마치 악어가죽과도 같은 거대한 지형이 보는 이로 하여금 감탄을 자아낸다.

41/ 하늘에서 본 나이아가라 폭포

이정웅 • 학부 '11학번 • google Nexus S2012 • 2012년 8월 5일 촬영

나이아가라 폭포는 큰 빙하가 여러 차례 발달과 쇠퇴를 거치면서 형성되었다. 빙하시대 후기, 가장 최근에 생겼던 위스콘신 빙기가 2만 3천 년 전에 시작되었는데, 캐나다 전체와 미국 북부 지방을 약 3km 두께의 얼음으로 덮었으나, 지금으로부터 1만 년 전에 이 지역에서 빙하가 다 녹아 지금의 지형을 만들었다. 마지막 빙하가 녹으면서 수많은 호수와 하천이 형성되었는데, 이로 인해 나이아가라 절벽이 다양하게 침식되어 직선이 아닌 지그재그 형태의 절벽선이 나타나게 되었다. 지구의 나이가 젊었던 지질연대 초기에 거대한 얼음장이 녹으면서 이 폭포는 형성되었고, 약 5만 년 전에 빙하가 후퇴하며 그 밑에 있던 지각이 융기하면서 나이아가라 폭포의 깍아지른 듯한 절벽이 생겨난 것이다. 사진은 헬기에서 촬영한 것이다.

42/ 나이아가라 폭포 전경

이수환 • 학부 '11학번 • Sony NEX-5 • 2011년 8월 2일 촬영

나이아가라 폭포는 한때 제1의 폭포라고 하였으나, 이구아수 폭포와 빅토리아 폭포가 세상에 알려져 현재는 북아메리카 제1의 폭포로 불리고 있다. 폭포가 걸려 있는 케스타 벼랑은 상부가 굳은 석회암이고, 하부는 비교적 연한 이판암과 사암으로 구성되어 있다. 폭포의 물이 떨어질 때 벼랑 하부의 연층을 후벼내듯 침식하기 때문에, 남아 있는 상부의 석회층도 떨어지게 된다. 이 때문에 벼랑은 해마다 1m정도 후퇴하고 있었는데, 거대한 발전소를 건설하여 수량을 조절하자 벼랑의 붕괴가 약화되었다.

43/ 뉴질랜드 남섬의 남부알프스 빙하

안수영 • 학부 '96학번 • Sony DSC-T70 • 2009년 1월 17일 촬영

뉴질랜드는 남섬과 북섬으로 이루어져 있으며, 자연환경도 지역에 따라 크게 상이하다. 특히 남섬에는 남부알프스(Southern Alps)라 불리는 험준한 산악구간이 있으며, 산의 정상부에는 만년설이 있다. 사진에서는 빙하 지형의 한 모습을 볼 수 있는데, 빙하에 의해 형성된 하천과 함께 빙하 퇴적물의 모습을 확인할 수 있다.

44/ 뉴질랜드 북섬의 타즈만 빙하

최경진 • 학부 '08학번 • PENTAX K-x • 2011년 11월 29일 촬영

타즈만 빙하(Tasman Glacier)는 뉴질랜드 북섬의 여러 빙하 중에서 가장 큰 빙하이다. 남부 알프스에서부터 매켄지 분지를 향하여 남동쪽으로 흐르며 길이는 27km이다. 위 사진은 타즈만 빙하 탐험을 할 때 찍은 사진으로, 2011년 11월 29일의 타즈만 빙하의 모습이다. 이 무렵의 뉴질랜드는 온화한 날씨라서 빙하가 많이 녹는다. 이 빙하는 뉴질랜드 국립공원 아오라키 마운트쿡을 가로질러 지나간다.

45/ 미국 버지니아 주 북서부의 석회암 루레이 지하동굴

이수환 • 학부 '11학번 • Sony NEX-5 • 2011년 7월 30일 촬영

셰넌도어 국립공원의 석회암층(石灰岩層)에 있으며, 세계적으로 손꼽히는 아름다운 동굴로 100만 년 전에 지하 석회암층을 지나는 지하수가 석회암 성분을 녹이면서 생겼다. 9~43m 높이의 여러 동굴로 이루어져 있으며, 동굴 안에는 종유석·석순·지하폭포·지하호수 등이 잘 발달해 있다. 1954년 리런드 스프링클(Leland Sprinkle)이 3년간 제작한 세계 최대 규모의 종유석 파이프오르간이 있으며, 동굴 입구에 세워져 있는 35m의 루레이 노래탑에는 47개 종이 달려 있다. 사진은 하단의 고인 물에 상단에 형성된 종유석의 모습이 반사되어 나타나는 모습이다. 물이 맑고 매우 얕게 고여 있기 때문에 이러한 현상이 관찰될 수 있다.

46/ 미국 서부 캘리포니아 솔턴 호수의 호수면

이수영 • 학부 '03학번 • 대학원 '11학번 • Canon 350D • 2011년 12월 11일 촬영

주향이동단층의 움직임에 따라 만들어진 구조분지의 입구가 플라이스토세 콜로라도 강에 의해 막힌 후 거대한 호수가 형성되었다. 기후 변화로 인한 유량의 변화에 따라 호수의 수위도 변화하였으며, 이것은 주위 언덕에 새겨진 과거의 호수면 높이를 통해 확인할 수 있다. 사진 상단의 하늘 아래 보이는 것이 솔턴 호수(Salton Sea)이며, 사진 전면의 언덕에서 색깔이 짙은 부분이 과거 호수 아래 잠겼던 부분으로, 언덕 색의 경계가 호수의 경계를 보여 준다.

47/ 미국 팜스프링스의 선상지

이수영 • 학부 '03학번 • 대학원 '11학번 • Canon 350D • 2011년 12월 11일 촬영

미국 서부 캘리포니아 주 팜스프링스(Palm Springs)에서 촬영한 선상지(alluvial fan)의 모습이다. 캘리포니아 일대에는 광대한 다수의 선상지가 나타나는데, 포상류(sheet flow)와 토석류(Debris flow)에 의해 형성되는 두 가지 유형의 선상지가 모두 나타난다. 그리고 기후적으로는 빙기에 선상지의 퇴적이 집중적으로 나타난다. 사진의 좌측에 토석류에 의해 퇴적된 광대한 선상지면이 보이며, 흐름은 사진의 상단에서 하단 방향으로 흐르고 있었다.

48/ 미국 네바다 주 고원지대의 타호 호수

이영웅 • 학부 '06학번 • Sony DSLR-A200 • 2011년 8월 4일 촬영

'타호 호수(Lake Tahoe)'라는 지명은 인디언 언어로 '큰 물'을 의미하며 이 호수의 길이는 무려 22마일, 폭은 12마일에 달한다. 또한 가장 깊은 곳의 수심이 약 500m로 미국에서 두 번째로 깊은 호수이다. 화산 활동으로 형성된 지형이기 때문에 호수 물은 주변 습지와 초원에서 서서히 스며들어 필터 작용이 되므로 항상 깨끗하다. 해발 1,896m의 고산지대에 위치한 까닭에 여름에도 시원하여 피서지로 각광을 받고 있다. 이곳 타호 호수는 최근 미국의 유명 일간지인 USA 투데이의 독자들이 뽑은 '가장 좋아하는 호수 1위'로 선정되었다. '허클베리핀의 모험'의 작가로 유명한 마크 트웨인(Mark Twain)이 '지구 전체를 통틀어 가장 아름다운 풍경(the Fairest Picture the Whole Earth Affords)'이라고 표현했을 정도이며, 그 아름다운 자연에 매료되어 한동안 이곳에 머물며 집필 활동을 했다고 한다.

49/ 장엄한 안데스 산맥

남영우 교수 • Canon EOS Kiss • 2006년 2월 6일 촬영

남아메리카 대륙의 안데스 산맥(Cordillera de Los Andes)은 북쪽의 마라카이보 호에서 남쪽의 티에라델푸에고까지 남아메리카 대륙을 따라 뻗어 있다. 이 산맥은 지구상에서 가장 장엄한 지형으로 꼽힌다. 7개국의 상당 부분에 걸쳐서 남북으로 펼쳐져 있으며, 베네수엘라·콜롬비아 산계와 에콰도르안데스·페루안데스·센트랄안데스·파타고니아안데스 산맥 등 6개의 주요 지역으로 나눌 수 있다. 비행기 안에서 촬영한 페루안데스 산맥은 대체로 남동쪽으로 뻗은 3개의 산맥으로 이루어져 있다. 옥시덴탈 산맥 서부가 대부분을 차지한다. 페루안데스 산맥과 센트랄 안데스 산맥은 알티플라노 고원에서 결합하여 더 광범위하게 뻗어 나간다.

50/ 아마존 강 상류의 우각호

남영우 교수 • Canon EOS Kiss • 2006년 2월 17일 촬영

아마존 강(Amazon River)은 유역 면적과 유량이 세계 최대인 하천이다. '아마존'이란 일반적으로 본류 전체를 지칭하지만, 페루에서는 상류에서 이키토스까지를 '마라뇬,' 이키토스에서 대서양까지를 '아마소나스'라고 부르며, 브라질에서는 이키토스에서 네그루 강 하구까지를 '술리몽스,' 네그루 강에서 대서양까지를 '아마조나스'라고 부른다. 사진은 비행기에서 촬영한 아마존 상류에 있는 우각호(牛角湖)의 모습이다. 우각호는 유로 변동이 불규칙하게 일어나는 곡류하천에서 발달한다.

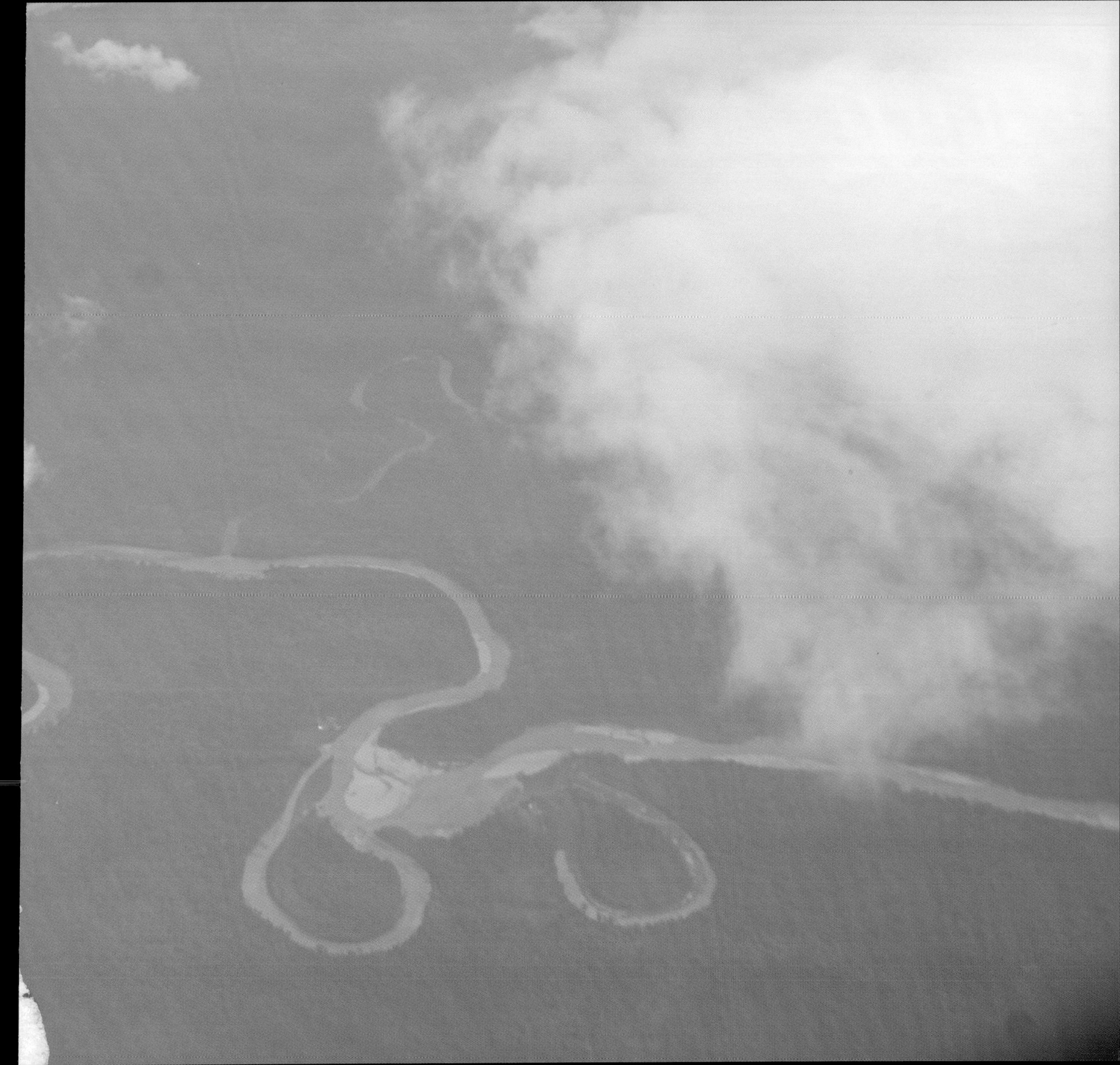

51/ 보츠와나의 막가딕가디판 국립공원

김석용 • 학부 '83학번 • Nikon D200 • 2012년 1월 16일 촬영

'광대하게 펼쳐진 생명 없는 땅'이라는 뜻이며, 넓이는 4,900km^{2}로 경기도의 절반쯤이다. 오카방고 삼각주의 규모도 크지만 이곳의 넓이 또한 대단하다. 이 넓은 지역이 우기에는 잠겨서 호수가 되었다가, 증발되면 염분이 남아 흰색을 띤다. 규모만 다를 뿐 형성과정은 볼리비아의 우유니 호수와 비슷하다. 남부 아프리카의 보츠와나 북동부에 있는 사질(砂質)의 알칼리성 점토로 된 침강지인데, 이 침강지는 내륙에 형성된 광범위한 분지로서, 서쪽으로부터 960~900m까지 점차로 낮아지고 동쪽으로는 1,050~1,200m까지 높아지며 기울기는 동쪽이 약간 크다. 이 지역은 칼라하리 사막의 저지대를 구성하고, 침강지만 없다면 그 고도는 상당히 균일하며(900m) 보츠와나의 대부분을 차지한다. 이 지역은 홍적세 동안 여러 차례 커다란 호수에 의해 뒤덮였다. 정상적인 우기에 서쪽에서는 보테티 강에 의해 범람하며, 북쪽에서는 오카방고 강에 의해 범람한다. 막가딕가디 침강지는 세계적으로도 큰 규모에 속하며 동서방향으로 약 120km, 북동에서 남서방향으로 160km인 음트웨트웨 침강지와 이보다 약간 작은 규모의 길이 110km, 너비 70km인 소아 침강지로 되어 있다. 정상적인 날씨의 소택지는 일련의 얕은 물웅덩이, 사질의 알칼리성 점토 및 풀로 덮인 섬들로 이루어지며, 수천 마리 홍학(紅鶴)의 서식지이다. 이곳의 소다 광상(鑛床)은 상당한 잠재성을 지니고 있지만 아직 상업적으로 개발되지 못했는데, 이는 전력과 물이 부족하기 때문이다.

52/ 남아프리카공화국의 아굴라스 곶

김석용 • 학부 '83학번 • Nikon D200 • 2012년 1월 24일 촬영

남아프리카공화국의 아굴라스 곶(Agulhas Cape)은 아프리카 대륙의 최남단에 위치한 희망봉의 남동쪽에 있는 돌출부로, 남위 34°52', 동경 19°50'에 있다. 이곳을 기준으로 인도양과 대서양이 경계를 이루는 것으로 되어 있으나 케이프 반도를 경계로 보는 견해도 유력하다. '아굴라스'란 포르투갈어로 '바늘'이라는 뜻이며, 많은 배를 난파시킨 암석과 끝이 뾰족한 암초에서 유래하였다. 아굴라스 대륙붕은 트롤 어업의 황금어장이다.

INDIAN OCEAN
ATLANTIC OCEAN

53/ 모로코의 사하라 사막 낙타 사파리

곽온유 • 학부 '09학번 • Nikon D40 • 2011년 8월 9일 촬영

'황야'라는 뜻을 지닌 아랍어 'Sahra'에서 유래한 사하라(Sahara) 사막은, 북아프리카 동쪽 홍해에서 대서양 연안에 이르는 동서 길이 약 5,600km, 지중해 아틀라스 산맥에서 차드 호에 이르는 남북 길이 1,700km의 사막으로, 아프리카 대륙 면적의 4분의 1을 차지한다. 현재 아프리카 모로코, 알제리, 튀니지, 리비아, 이집트, 모리타니, 니제르, 차드, 수단 등의 여러 국가에 걸쳐 있다. 사하라 사막의 연평균 강수량은 250mm 이하로 매우 건조하다. 연평균 기온이 27℃ 이상인 곳이 대부분이고, 낮과 밤의 일교차는 30℃를 넘는다. 이러한 기후 조건은 암석의 기계적 풍화 작용을 촉진시켜 사막에 모래를 공급하는 주요인이 된다. 사하라 사막에서 모래 사막은 약 20%에 불과하며 나머지는 대부분 암석과 자갈로 된 대지이다.

팔레스타인 • 모세의 계곡

터키 • 카파도키아

미국 버지니아 주 • 루레이 지하동굴

미국 유타 주 • 스노우캐니언

나이아가라 폭포

노르웨이 • 뤼세피오르

오스트레일리아 • 킹스캐니언

아프리카 보츠와나 • 막가딕가디판 국립공원

인도 라다크 • 유상구조토

스위스 • 알프스

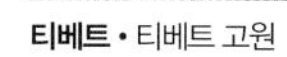
티베트 • 티베트 고원

중국 신장자치구 • 카라쿨 호수

경관, 그리고
지리학의 시선